农业栽培技术与病虫害防治

张　奂　吴建军　范鹏飞　著

汕头大学出版社

图书在版编目（CIP）数据

农业栽培技术与病虫害防治 / 张奂，吴建军，范鹏
飞著. -- 汕头：汕头大学出版社，2022.4
　　ISBN 978-7-5658-4620-5

　　Ⅰ．①农… Ⅱ．①张… ②吴… ③范… Ⅲ．①栽培技
术②作物－病虫害防治 Ⅳ．①S31②S435

中国版本图书馆CIP数据核字(2022)第030304号

农业栽培技术与病虫害防治
NONGYE ZAIPEI JISHU YU BINGCHONGHAI FANGZHI

作　　者：张　奂　吴建军　范鹏飞
责任编辑：宋倩倩
责任技编：黄东生
封面设计：刘梦杏
出版发行：汕头大学出版社
　　　　　广东省汕头市大学路243号汕头大学校园内　邮政编码：515063
电　　话：0754-82904613
印　　刷：廊坊市海涛印刷有限公司
开　　本：710mm×1000 mm　1/16
印　　张：6.5
字　　数：110 千字
版　　次：2022 年 4 月第 1 版
印　　次：2022 年 4 月第 1 次印刷
定　　价：48.00 元
ISBN 978-7-5658-4620-5

　　作为基础产业，农业被认为是直接利用自然资源进行生产，农业经济的可持续发展具有重要意义。近些年来，我国农业经济取得了稳步发展，农业栽培技术需要不断地应用和推广，充分发挥其自身的作用。只有广泛地推广农业技术，并在实际生产中进行应用，才可以充分地体现农业技术存在的价值。农技推广是一种科学研究，它是农业科技成果转化为相应生产力的重要保障，促进农业现代化，增加农业总产值和农业收入，使农民生活水平得到提高。农业科技只有更好地运用于实践，才能促进农业的快速发展。随着人民生活水平的提高，对农产品质量的要求也越来越高。因此，相关部门必须重视不断推广农业技术，在有限的土地上生产出人们生活中需要的绿色健康农产品。

　　当前，作物发生病虫害的概率越来越高，对作物的生长状况构成了极大的威胁。对于这个问题，单纯依靠农药来防治是不现实的，而且效果也不好。由于我国地处亚热带季风气候区，病虫害种类繁多，防治难度较大。总而言之，病虫害综合防治的核心是"绿色、健康、可持续"，即注重农业、生物、物理的防治技术，科学合理使用化学防治。目前人们对农产品的质量越来越重视，为了减少病虫害造成的损失，必须综合运用病虫害防治措施，科学使用农药。目前大多数农民对害虫的防治认识普遍存在一定的狭隘性，他们认为只要采取一些防治措施即可。但是，在科学技术和生产力迅速发展的今天，对病虫害的综合防治又有了新的认识和要求，即：从作物的耕作规律、生长规律、生长外部环境等多方面因素考虑，根据存在的问题采取对策，使作物能够安全地生长。

目 录

PART 01

第一章
大田作物栽培技术

第一节　玉米栽培技术

一、玉米膜下滴灌通透性栽培技术

主要技术特点是滴灌覆膜，品种耐密，整地标准，通透栽培，合理密植，中耕深松，配方施肥，促熟提质，适时晚收。

（一）选地选茬

玉米适应性很强，对土壤的要求不太严格。但要达到丰产丰收还是应该选择耕层深厚、土壤肥力较高、保水保肥、排水良好的地块，地势要平坦，防止产生积水。另外，在选茬上虽然玉米较耐连作，但最好不选用连作3年以上的玉米茬。另外，选用未用长效除草剂的高粱、甜菜、地瓜、花生等茬口。

（二）品种选择

根据生态条件，选用审定、高产、优质、适应性及抗病性强、生育期比常规栽培品种长 7～10 天，有效积温在 2850～2950℃，亩产量具有 800～1000 千克潜力的优良品种。

种子纯度不低于 98%，净度不低于 98%，发芽率不低于 90%，含水量不高于 16%。

（三）种子包衣

种子用种衣剂包衣，药种比 1：70；主要防治地下害虫和玉米丝黑穗病。

（四）精细整地

精细整地是玉米大垄双行膜下滴灌栽培的关键，直接影响播种质量、覆膜质量和玉米生长发育。做到根茬粉碎还田，必要时人工拣净搂除根茬残体。

在宜耕期适时整地，及时镇压，避免过干、过湿整地。整地最好用大马力旋耕机，这样整地能达到耕层深厚、土壤细碎的要求。

（五）增施有机肥，平衡施肥

根据平衡施肥原理，实施测土配方施肥，在确定目标产量的基础上，通过测土化验，掌握土壤有效养分含量。做到氮、磷、钾及微量元素合理搭配，优质农家肥 2～3 吨/亩，测土配方专用肥 40 千克/亩，尿素 20 千克/亩。

（六）起垄

采用两垄一平台模式，就是将原来 65 厘米的垄，通过引沟施肥后，隔一垄起一垄，垄内 3 条肥带，垄距 130 厘米，垄上播种 2 行玉米，小行距 40 厘米，大垄间行距离 90 厘米，并采用秋季深松整地，施基肥，每亩施用有机肥 2～3 吨，玉米专用肥 40 千克，施肥深度为 13～15 厘米。选择晚熟高产品种，先播种后覆膜，并应用玉米膜下滴灌、病虫害综合防治技术。

1. 没有深松基础，已经拿净茬子的地块

首先将优质农家肥均匀施入垄沟内，再按垄引沟，将底肥化肥的一半深施入垄沟内，然后隔一垄破一小垄，将原来的两条小垄（65 厘米或 70 厘米）合成一条大垄（起花垄），平台垄间距离 130 厘米或 140 厘米。再在大垄中间用深松铲深松（空花穿），同时施入另一半化肥做底肥（形成三条肥带），随后用耢子将大垄耢平，用磙子镇压，使之形成一个平台，在大垄平台上播种双行，平台上两行玉米之间的距离为 40 厘米，两条大垄之间玉米植株距离达到 90 厘米或 100 厘米。

2. 平翻未起垄地块

按大垄距标准（130 厘米或 140 厘米）深掘起成大垄。然后用耢子将垄耢平后及时镇压以待播种。播种时在大垄平台上引双沟滤肥，沟距 40 厘米，将农肥和化肥均匀滤入沟内（形成两条肥带）。

三条肥带：是将做种肥（化肥）的一半按小垄沟均匀施入，然后将另一半种肥（化肥）在起成大垄后，深松大垄中间的同时利用肥箱施入垄底。

二条肥带：是将全部种肥（化肥）引两条沟施入，大垄中间只深松不施肥。

播期：地温稳定通过 7℃时抢墒播种。

播法：垄上机械开沟坐水精量点播，小行距 40～50 厘米，株距 25～27 厘米，播种深浅一致，覆土均匀，播深 3 厘米。种植密度：亩保苗 3750～4000 株。

（七）化学除草

采取封闭灭草，每亩用 86% 的乙草胺 50 毫升 +2, 4-D 丁酯 20 毫升进行土壤处理。

（八）及时放苗

播种后随时检查出苗情况，发生缺苗及时扎眼补种。当玉米幼苗 2.5 叶期及时放苗，放出颜色正常、大小一致、没有病虫害的苗，用湿土压严培好放苗口，检查地膜两侧是否被风刮起，及时压好。

（九）扒皮晾晒

在玉米蜡熟后期扒开玉米果穗苞叶，促进籽粒降水。

（十）适时晚收

在枯霜后玉米完全冻死再收获。

（十一）清除地膜

在 6 月底 7 月初揭膜或秋后揭膜。

二、玉米小垄密植栽培技术

主要技术特点是选用良种，整地精细，适时精播，增密保穗，测土施肥，中耕深松，促熟提质，适时晚收。

（一）选地、选茬与耕翻整地

选择地势平坦、耕层深厚、肥力较高、保水保肥性能好、排灌方便的地块，前茬未使用长效除草剂的大豆、地瓜、花生或玉米等肥沃的茬口。实施以深松为基础，松、翻、耙相结合的土壤耕作制，3 年深松一次。耕翻深度 20 ~ 30 厘米，做到整地标准化。

（二）品种选择及种子处理

根据生态条件，选用通过国家或省审定的亩产具有 600 ~ 800 千克潜力的优质、适应性及抗病性强的优良品种，发芽率标准到 90% 以上。直播栽培选择生育期在 130 天左右，有效活动积温比当地常年活动积温少 100 ~ 150℃品种。播前进行催芽、药剂处理。

（三）播种

1. 播期

耕层 5 ~ 10 厘米，地温稳定通过 7 ~ 8℃时抢墒播种。4 月 25 日前后至 5 月 1 日前播种。

2. 种植方式

采用 65 厘米或 70 厘米标准小垄，选用耐密型玉米新品种，密度 3500 ~ 4000 株 / 亩。

3. 播种方法

按种植密度要求，采用人工播种和机械精量播种。播种要求播深一致，覆土均匀。直播的地块播种后及时镇压；坐水种的播后隔天镇压。镇压时做到不漏压、不拖堆，覆土深度 3 ~ 4 厘米。

（四）施肥

施用含有机质 8% 以上的农肥 3 吨 / 亩，结合整地撒施或条施夹肥。施用尿素 20 千克 / 亩，其中尿素 35% 做底肥或种肥，65% 做追肥，按每亩施用磷酸二铵 20 千克、钾肥 6 千克、锌肥 1.5 千克做底肥或种肥。玉米 7 ~ 9 叶期或拔节前进行追肥，追肥部位离植株 10 ~ 15 厘米，深度 8 ~ 10 厘米。视玉米生长情况，后期可适当进行叶面追肥。

（五）田间管理

化学除草可选用苗前封闭除草、苗后除草等方式，确保安全有效，有利作物生长。

1. 查田补栽或移栽

出苗后如缺苗，要利用预备苗或田间多余苗进行坐水补栽或移栽。3 ~ 4 片叶时，要将弱苗、病苗、小苗去掉，一次等距定苗。

2. 铲前深松、及时铲趟

出苗后进行产前深松或铲前趟一次犁。没有施用化学除草剂的，头遍铲趟后，每隔 10 ~ 12 天铲趟一次，做到三铲三趟；使用除草剂的趟二遍。

3. 灌水

在玉米拔节、抽雄吐丝期如遇干旱应及时灌水。

4. 其他管理

拔节期前后，及早掰除分蘖，去蘖时避免损伤主茎。8 月上、中旬，拿大草 1 ~ 2 次；玉米蜡熟末期进行扒皮晾晒。

5. 虫害防治

黏虫和玉米螟的防治：可适时用菊酯类农药、赤眼蜂进行防治。

大斑病的防治：可在拔节期至抽雄期（6 月下旬至 7 月中旬），用 75% 百菌清可湿性粉剂 400 ~ 500 倍液，或用 50% 敌菌灵 300 ~ 500 倍液喷雾，间隔 7 ~ 10 天 / 次，连续喷药 2 ~ 3 次。

（六）收获

完熟期后收获，适时晚收。

三、黏玉米的栽培

（一）选用良种

1. 品种选择

要选择抗逆性强、质量好、纯度高的品种，目前生产上适宜的主要黏玉米品种有垦黏一号、垦黏二号。

2. 种子处理

在播种前选晴好天气晒种 2～3 天，以提高种子发芽率。晒种后要进行风筛选，清除小粒和秕粒。种子选好后，进行浸种催芽，催芽时注意芽不要过长，一般以种子拧嘴到 0.5 厘米为宜，然后用种衣剂进行种子包衣，可以防病、防虫、提高出苗率。

（二）细致整地

玉米是深根作物，应选择土壤疏松、土质肥沃的岗地、平地，最好有灌水条件的地块，不宜在低洼易涝地种植。整地主要采取两种方法：一是平翻整地，坚持常规的秋拿茬、秋施肥、秋翻、秋起垄；二是三犁整地，在返浆期用犁在原垄沟深趟 15～18 厘米，在沟内滤施优质农肥或绿色食品专用肥，然后原垄破茬深掏墒合成新垄，压好磙子达到待播状态。结合整地每亩施用农家肥 1.5～2 立方米或施用绿色食品专用肥 75 千克，这样既达到了深松整地，又达到了化肥深施。

（三）适时播种

玉米播种必须抢前抓早，一般在 4 月 20～30 日为最佳播期，采取催芽坐水种的方法，达到一次播种出全苗；也可以采用覆膜、育苗移栽等保护地栽培方法，可以抢早上市 10～15 天。种植密度以亩保苗 3300～3500 株为宜，即垄70 厘米，株距 26～29 厘米。

（四）田间管理

1. 早间苗定苗

在玉米三叶期做到一次间苗定苗，定向等距留苗。

2. 铲趟

采取铲前趟一犁，防寒增温灭草，头遍铲趟之后每隔 10～15 天进行一次，做到三铲四趟。

3. 防虫

主要采取农业防治，封秸秆垛，烧根茬减少虫源；物理防治，用黑光灯、高压汞灯诱杀成虫；生物防治，施用 BT 乳剂或放赤眼蜂来杀幼虫和虫卵，使产品提高品质，达到绿色食品标准。

4. 防止串粉

种植时应与其他玉米隔离或错期播种，避免与普通玉米混杂串粉，影响糯性品质和色泽，降低产品应用价值。

5. 去掉分蘖

正常播种密度应保证一株一穗，如有分蘖及时除掉，以免影响主穗生长，降低规格。

6. 适时采收

鲜食时适宜采收期短，采收标志是授粉后 25 天左右，即灌浆中后期均可采收。采收后不宜久放，以免糖分转化，水分蒸发，风味减弱。

第二节　高粱与大豆栽培技术

一、高粱综合高产栽培技术

高粱高产关键措施是以矮秆良种为前提，适当增加密度为核心，精细整地、科学施肥为基础，加强管理保全苗为保证，全面实施高粱矮密化综合高产栽培技术。

（一）选地选茬，精细整地

高粱对土壤的适应能力较强，但最适于高粱生长的应是土层深厚、富含有机质、保水保肥能力强的土壤；高粱苗期生长缓慢怕草荒，为此应选择比较肥沃和杂草少的大豆茬或玉米茬种植高粱为宜，不宜种重茬和迎茬。

在选地选茬的基础上要普遍做到及时细致整地。一是秋翻秋起垄，要在早春镇压一次，以减少春季土壤水分的大量散失，达到蓄水保墒的目的；二是秋翻秋起垄，要早春顶浆起垄，压好磙子，保住墒情。实践证明，秋翻或深松不仅能够疏松土壤，增加蓄水保墒能力，而且有利于高粱根系扩展下扎，防倒伏。因此，无论是秋、春整地都要做到翻、耙、起垄、镇压连续作业，为一次播种保全苗打下坚实基础。

（二）选用良种，做好处理

主要选四杂 25 号、龙杂 8 号、敖杂 2 号、龙 677 等矮秆杂交种为主，并做好种子处理。

1.晒种

播前 5 ~ 7 天选晴天将种子铺成厚 10 厘米左右，晒 2 ~ 3 天，每天翻动 2 次。以增强酶的活性，提高种子发芽率。

2.药剂拌种

地下害虫严重的地块，可用 50% 辛硫磷 0.5 千克，加水 20 千克，喷到 200 千克种子上，闷种 4 小时。防治高粱黑穗病可用立克秀拌种，用量为种子量的 0.3%。

（三）增施肥料，科学施肥

高粱是需肥较多作物，为达到以肥保密、以密增产的目的，要做到农肥、化肥配合，底肥、种肥、追肥相结合。

1.底肥

在翻前耙后亩施优质农肥 2 吨。

2. 种肥

每亩施磷酸二铵 10 千克、尿素 5 千克、硫酸钾 8 千克。

3. 追肥

高粱拔节到孕穗期需肥最多，占 70% 以上，应在拔节初期高粱 8 ~ 9 片叶时进行深追肥，结合铲趟每亩追施尿素 10 千克。

（四）适期播种，合理密植

适期播种是提高出苗率、确保一次出全苗的关键措施。按照三寒四暖的天气变化规律，抓住冷尾暖头，把高粱种在"腰窝上"。适宜播种期为 5 月 10 日左右，播种方法可采用辕种或用单体播种机进行垄上双行拐子苗穴播，播后及时镇压，以保住墒情，确保全苗。

栽培密度：一般亩保苗 8000 ~ 9000 株，株距 10 ~ 13 厘米。

（五）加强管理，促进成熟

1. 间苗定苗

出苗后及时查田，发现缺苗断条时要及时催芽补种或坐水补栽。间苗应及早进行，一般在出苗后 7 ~ 8 天、苗高 4 厘米左右、具有 2 ~ 3 片叶时进行，把过密或发育不良的弱苗拔掉，打成单株。当苗高 10 厘米左右、4 ~ 5 片叶时进行定苗，注意留苗均一致，按要求株距定苗。

2. 中耕除草

高粱苗生长缓慢，因此要及时中耕除草，要求达到三铲三趟，有条件的地方，在出苗期进行垄沟深松，以增加土壤通透性。蓄水增温，有利于根系发育，促使小苗早生快发。

3. 防治虫害

主要防治好蚜虫，可用 1000 ~ 2000 倍液乐果进行叶面喷雾。

4. 适时收获

"高粱伤镰一把米"，说明适当早收是可行的，但收获过早灌浆不充分，成熟度差，影响产量，品质不好；收获过晚，易受风、鸟危害造成损失，一般在蜡熟末期收获，其标志是植株下部已枯萎，上部有 6 ~ 8 片绿叶，籽粒呈现本品种固有色泽、变硬、含水量下降至 20% 左右为收获最佳时期。

二、优质大豆高产栽培技术

（一）大豆生长发育

1. 大豆根系

大豆属于直根系，分主根和侧根，密生根毛。主要分布在地表下 5 ~ 20 厘米，土壤耕层深浅决定根系的生长发育。

大豆根上产生根瘤菌与大豆共生。根瘤菌可固定空气中的游离氮素，除自给氮素外，多余部分供给大豆生长发育。

2. 大豆生长发育

大豆一生分三个阶段、六个时期，不同阶段及各时期在生长管理和栽培技术上有所不同。

（1）营养生长阶段从播种到开花

①种子萌发期：从播种到出苗 7 ~ 9 天，此期重点搞好苗期化学除草。

②幼苗期：从出苗到分枝 10 ~ 20 天，此时应及时间苗、定苗、查田补苗，深松铲趟，促进大豆根系发育。

③分枝期：从分枝到开花 20 ~ 30 天，这个时期应注意防治病虫害，采取预防为主，综合防治措施。

④开花期：从开花到终花 20 ~ 28 天，此期需要大量的水分和养分，应及时灌水，喷施磷酸二氢钾、叶面宝等植物生长调节剂。大豆生长过于旺盛，可喷施多效唑进行化学防控。

（2）生殖生长阶段从结荚到成熟

①结荚鼓粒期：从终花到黄叶前 30 ~ 35 天，此期保证水分供应，防治病虫害。

②成熟期：从黄叶到籽粒成熟 10 天左右，适时收获防霜促熟。

3. 大豆结荚习性

（1）有限结荚习性

主茎与分枝顶端着生一簇荚，全株各节荚多而密，节间短，茎粗、株矮，一般亩保苗 1.2 万 ~ 1.7 万株。

（2）无限结荚习性

主茎与分枝顶端着生小荚 1 ~ 2 个，植株每节荚少，不集中，植株高大，节间长。

（3）亚有限结荚习性

结荚习性介于上述两者之间，适于各地种植。

4 大豆对外界环境条件要求

（1）光照

大豆属于短日照作物，对光敏感。大豆在短日照条件下能提早开花成熟；在长日照条件下延迟开花成熟，甚至不能开花结实。北种南移，成熟期缩短；南种北移，生育期延长，易贪青晚熟。

（2）温度

大豆是喜温作物，种子在 8 ~ 10℃开始萌发，生长旺盛阶段要求温度较高，平均最适宜温度为 21 ~ 25℃。

（3）水分

对水分要求较高，幼苗期较耐旱，在开花以后是营养生长和生殖生长最旺盛时期，需水量大，土壤含水量保持在 75% ~ 80% 较为适宜。

（4）土壤

要求土壤酸碱度 pH 值以 6.8 ~ 7.5 为最佳。高于 9.6 或低于 3.5 都不能生长。排水良好、土层较厚、土质肥沃的土壤大豆产量高。

（二）大豆"垄三"栽培技术

大豆"垄三"栽培技术是以深松、深施肥和精量播种三项技术为核心的大豆综合高产栽培技术。

1. 大豆"垄三"栽培的增产机理和技术措施

（1）土壤深松及增产作用

①土壤深松技术：深松是指对土壤进行深松。深松的深度以打破犁底层为准，一般深松深度以 25 ~ 30 厘米为宜。根据深松部位的不同，可分为垄体深松、垄沟深松和全方位深松。垄体深松也称为垄底深松，有两种方法：一种是整地深松也叫深松起垄；另一种垄体深松是深松播种，使用大型"垄三"耕播机在垄体深松的同时，进行深施肥和精量播种，这种方法是三种技术一次作业完成。垄沟深松就是用深松铲对垄沟进行深松。根据时期不同，可分为播后出苗前垄沟深松和苗期垄沟深松等，也可利用小型垄三耕种机播种的同时进行垄沟深松。全方位土壤深松是指利用全方位深松机对整个耕层进行深松，可以做到土层不乱，

加深耕作层，深松深度在 50 厘米以上。

②深松的增产作用：首先，土壤深松可以打破犁底层，加深耕作层，改善耕层结构，有利于大豆根系的生长发育和根瘤的形成。其次，在播种的同时进行垄沟深松，可以起到防寒增温、疏松土壤、促进大豆早生快发的作用。据调查，在出苗至第一复叶展开期间，深松地块 0～20 厘米耕层的地温较未深松的高 0.5～1℃，深松地块比未深松地块可提早成熟 2～3 天。第三，深松可以创造一个虚实并存的土壤结构，增强土壤蓄水保墒和防旱抗涝的能力。据旱季调查，0～20 厘米耕层含水量深松地块为 24.5%，未深松地块为 21%，深松地块比未深松地块高 3.5%；在雨季调查，深松地块 0～20 厘米耕层水分含量为 31%，而未深松地块为 34%，深松较未深松低了 3%。

（2）化肥深施的作用及技术

①化肥深施技术：化肥做种肥，施肥深度要在 10 厘米以下，即化肥施在种下 5 厘米处为宜。化肥做底肥，施肥深度为 15～20 厘米，即施在种下 10～15 厘米处为宜。

②化肥深施的增产作用：化肥深施克服了种肥同位烧种、烧苗现象，同时可以减少化肥的挥发和流失，提高化肥利用率，一般可提高化肥利用率 10%～15%；另外，可以做到合理地增加化肥施用量，延长供肥时间，满足大豆生育全过程对肥的需要。

（3）精量播种技术及增产作用

①精量播种技术：精量播种是实现大豆植株分布均匀、克服缺苗断空、合理密植、提高产量的重要技术措施。除采用人工扎眼、人工摆籽的方法外，可采用机械精量播种，能做到开沟、下籽、施肥、覆土、镇压连续作业，不但加快了播种进度，缩短了播期，同时还能保证播种质量。

②精量播种的增产作用：大豆实行精量播种，一是能在合理密植的基础上，做到植株分布均匀，解决了以往大豆生产上存在的稀厚不匀、缺苗断空问题；二是改善了大豆植株生育环境，使群体结构进一步趋于合理，较好地协调了光、热、水、肥的矛盾；三是增加了单株营养面积，提高了单株生产力。

2. 主要配套技术措施

大豆"垄三"栽培技术是旱作大豆高产综合技术体系，不仅仅是深松、深施肥和精量播种三项技术的简单组合，必须和其他栽培措施相互配合，才能最大限度发挥其增产潜力。具体要抓好以下主要技术。

（1）选择适宜的优良品种

在推广大豆"垄三"栽培技术过程中，要注意选择高产、优质、成熟期适宜、秆强、主茎发达、抗逆性强的推广品种，并做到合理搭配。种子要定期更新更换，不要年年都用自留种子。

由于实行精量播种，对种子质量要求十分严格，因此种子必须经过精选，剔除病斑粒、虫食粒、杂质，使种子质量达到纯度高于98%，净度高于97%，发芽率高于90%。种子大小要均匀，粒径0.6 ~ 0.8厘米，提倡以村为单位统一代种。

（2）实行伏秋精细整地

"垄三"栽培技术对整地质量要求很高，要做到耕层土壤细碎、地平，提倡深松起垄，垄向要直，垄宽一致，努力做到伏秋精细整地。秋施农家肥，有条件的也可以秋施化肥，在上冻前7 ~ 10天深施化肥较好。在整地方法上要大力推行以深松为主体的松、耙、旋翻相结合的整地方法。要根据当地的生态特点、生产条件及茬口等灵活运用。无深翻深松基础的地块，可采用伏秋翻同时深松或旋耕同时深松，或耙茬深松，耕翻深度18 ~ 20厘米，翻耙结合，无大土块和暗坷垃，耙茬12 ~ 15厘米，深松25厘米以上；有深翻深松基础的地块，可进行秋耙茬，拣净茬子，耙深12 ~ 15厘米。对于垄作大豆在伏秋整地的同时要起好垄，达到待播状态。春整地的玉米茬要顶浆扣垄并镇压；有深翻深松基础的玉米茬，早春拿净茬子并耢平茬坑，或用灭茬机灭茬，达到待播状态。有条件地采用全方位深松机，进行全方位深松，深松深度35 ~ 40厘米。

（3）适时播种，合理密植

要做到适期播种，地温稳定通过7 ~ 8℃时开始播种，时间在5月5 ~ 15日。

种植密度根据品种特性、水肥条件及栽培方式而定。土壤肥力高的地块，繁茂性强，生育期长的品种宜稀植；反之宜密植。常规垄作，亩保苗1.5万 ~ 2.2万株，窄行密植，亩保苗2.0万 ~ 2.6万株。

精量播种要根据保苗株数，计算好播量，可采用双行精量播种，双行间小行距10 ~ 12厘米，机械垄上等距穴播，穴距一般在18 ~ 20厘米，每穴3 ~ 4株。播种深度以镇压后4 ~ 5厘米为宜，播种、镇压要连续作业。

（4）增施肥料并合理施用

增施有机肥是增加土壤有机质，改善土壤理化性状，提高土壤肥力，保证农业持续发展的最佳途径。除要充分利用人畜粪便积造农肥外，还要积极利用植物秸秆，发酵沤制农肥，结合整地起垄施入农肥，亩施优质农肥 1 ~ 1.5 立方米。化肥的施用要做到氮、磷、钾搭配，采用测土配方平衡施肥，这是降低生产成本、增加效益的重要措施。没有配方施肥条件的地方，应按照减磷、增钾的原则确定。中等肥力地块一般每亩施磷酸二铵 8 ~ 10 千克，硫酸钾 3 ~ 4 千克。

大豆前期长势较差时，可结合二遍地铲后趟前追施氮肥，每亩施尿素 3 ~ 5 千克，追肥后立即中耕培土；或在大豆初花期每亩施用尿素 1 千克，加磷酸二氢钾 0.1 千克，溶于 500 千克水中喷施。

（5）病虫害防治

大豆病虫害主要有根腐病、孢束线虫病和根蛆，目前防治方法最好的是用种衣剂包衣。对于孢囊线虫发生严重的地块，可采用大豆根保菌拌种的方法进行防治，同时兼防大豆根腐病。大豆根腐病，可用种子量 0.5% 的 50% 多福合剂或用种子量 0.3% 的 50% 多菌灵拌种的方法防治。

大豆食心虫对大豆外观品质和商品等级影响严重，必须加强统一防治工作。根据虫情预报，在防治时期内如果大豆封垄好，用 80% 敌敌畏乳油制成毒棒熏蒸，亩用量 0.1 ~ 0.14 千克；如果封垄差，可用 2.5% 敌杀死等菊脂类农药，亩用量 20 ~ 30 克，加水 500 千克，进行叶面喷施。

蚜虫和红蜘蛛：每亩用 35% 赛丹乳油 1000 ~ 1500 毫升，或用 10% 的比虫啉 1500 克，或用 1.8% 阿维菌素制剂 150 毫升，兑水 30 ~ 40 千克喷施。

（6）田间管理和适期收获

①及时铲趟，搞好深松：当大豆拱土时，进行铲前深松或趟一犁。及时铲趟，做到两铲三趟，铲趟伤苗率小于 3%。后期在草籽尚未成熟前拔净大草。

②化学除草：土壤墒情好可采取土壤封闭处理，春季干旱区提倡苗后除草。在大豆播后出苗前，每亩用 50% 乙草胺乳油 150 ~ 200 毫升加 70% 赛克津可湿性粉剂 30 ~ 50 毫升，或加 48% 广灭灵乳油 60 ~ 70 毫升，或加 75% 广灭灵粉剂 15 ~ 25 克或用 72% 都尔乳油每亩 100 ~ 200 毫升，兑水 200 千克土壤喷雾。

春季干旱区或土壤封闭处理的地块，在大豆出苗后，杂草 2 ~ 4 叶期进行。防除禾本科杂草，可选用 5% 精禾草克乳油、15% 精稳杀得乳油、10.8% 高效盖草能乳油、6.9% 威霸浓乳剂及 12.5% 拿扑净乳油等。防除阔叶杂草，可选用 25% 的氟磺胺草醚等。

③适期收获：人工收获，落叶达 90% 时进行；机械或人工收割，叶片全部落净、豆粒归圆时进行。脱粒后进行机械或人工清选，产品质量符合大豆收购质量标准三等以上。

第三节　绿豆及马铃薯等其他作物栽培技术

一、绿豆高产栽培技术

绿豆属于高蛋白、低脂肪、中淀粉的医食两用豆科作物，它不仅营养保健，而且适口性好、易加工，深受人们青睐，被人们誉为"绿色珍珠"。近年来，随着人们生活水平提高，绿豆的需求量逐渐增大，国际地位也不断攀升。现已成为我国重要出口物资之一，也是农民致富的辅助性经济作物。其主要的栽培技术如下。

（一）品种选择

因地制宜选择高产、优质、抗病性强的品种，如日本大鹦哥绿、绿丰4号等。

（二）种子处理

1. 种子精选

播前对选用的种子进行筛选或人工粒选，剔除病斑粒、破碎粒及杂质，选择均匀一致的饱满种子做种。

2. 种子晾晒

选择晴天，将种子摊在干燥的向阳地上或席上晾种，连晒 2~3 天，可以提高酶的活性，降低种子含水量，增强种皮透气性和吸水能力，提高种子的发芽率和发芽势。

3. 种子包衣

采用龙达牌种衣剂，按药种 1 :（50 ～ 70）的比例进行包衣，阴干 24 小时后即可播种，可有效防治病虫害。

（三）选地选茬

绿豆适应性广，抗逆性强，从沙土到黏重土壤都能生长。但要获得高产，必须选择土层深厚、结构疏松、富含有机质、保水保肥强的土壤最好，最适宜的土壤 pH 值 6.5 ～ 7.0，土壤含盐量不超过 0.2%；绿豆不能重茬，也不能与豆科作物轮作，可以与禾本科作物实行 3 年以上轮作。

（四）精细整地

绿豆是双子叶植物，出苗时子叶出土，幼苗拱土能力弱，所以必须精耕细耙，达到上虚下实、地平土碎的要求。有条件的地方最好实行秋翻秋起垄，打破犁底层，有利于根群和根瘤活动，然后及时耙耢、镇压达到待播状态。对于春天整地的，可在春季顶浆进行，先深松垄沟18 ～ 20厘米再破原垄，合并成新垄及时镇压。

（五）配方施肥

绿豆施肥应掌握以有机肥为主、化肥为辅、施足基肥、适当追肥为原则，实行测土配方施肥。一般来说，底肥每亩施优质有机肥 2 立方米，结合整地一次性深施，种肥每亩用磷酸二铵5 ～ 10千克，尿素 3 ～ 4千克，50% 的硫酸钾 3 ～ 4千克，硫酸锌 1 ～ 1.5 千克。一般深施在种子下 5 厘米左右，切忌种肥混施或同位，以免烧种。

（六）适期播种

绿豆生育期短，适播期长，可早播，也可晚播，但不能过早或过晚，应掌握早播适时、晚播抢早的原则，绿豆是喜温作物，如果播期过早，前期低温干旱，生育期延长，个体发育不良，产量降低。适时播种，可以使绿豆开花结荚处于高温多湿的雨季，有利于花荚的形成，达到荚多、粒重、产量高。早播期自 4 月下旬至 5 月上旬，晚播在 5 月下旬至 6 月。播深 3 ~ 4 厘米，覆土 3 厘米，并及时镇压。一般亩用种量 1.5 ~ 2 千克。

（七）合理密植

绿豆的栽培密度随品种、地力和栽培方式不同而异，一般掌握早熟种密，晚熟种稀，直立型种密，半蔓型种稀，蔓生型更稀；肥地稀，瘦地密；早种稀，晚种密的原则。一般来说，中等肥力的地块，栽培密度为每亩 1.3 万 ~ 1.5 万株，瘠薄地每亩 1.5 万 ~ 1.8 万株，株距根据行距的不同灵活确定。

（八）田间管理

1. 查苗补苗

绿豆出苗后及时检查田间，发现缺苗断条的地方及时补种或移栽。移栽时应选大苗、壮苗，多带土、不伤根，同时注意浇水，施少量化肥，使其尽快赶上原垄苗。

2. 适时定苗

在绿豆两片真叶展开，第一个复叶出现时，进行人工间苗，按计划密度一次性定苗。原则是间小留大，去弱留壮，这样可以使幼苗分均匀，个体发育良好。

3. 中耕除草

中耕除草不仅可以消灭杂草，而且可以破除板结层，疏松土壤，减少蒸发，提高地温，增加土壤通气性，促进根群和根瘤菌活动，是绿豆增产的有效措施。实行二铲三趟，即苗出齐后铲前趟一犁，第一片复叶展开后，结合间苗进行第一次浅锄；趟第二犁，到分枝期铲第二次；深趟第三犁，并结合封根培土。中耕应掌握根际浅、行间深的原则，以防切根、伤根。

4. 水肥管理

绿豆苗期比较耐旱，三叶期以后，需水量逐渐增加。现蕾期为需水临界期，花荚期达到需水高峰期。如遇干旱，可在开花前浇水一次，以增加单株荚数和荚粒数，结荚期再浇水一次，以增加粒重并延长开花时间。另外绿豆不耐涝，如苗期土壤水分过多，引起烂根死苗或发生徒长，导致后期倒伏；后期遇涝，根系生长不良，出现早衰，花荚脱落，产量下降。所以如遇涝害或水淹，应及时做好排水除涝工作。绿豆在封垄前如果长势不够，可在花荚期喷施叶面肥。

5. 防治病虫

提倡预防为主，综合防治。如采用抗病品种，合理轮作，加强田间管理等措施，以减少感病机会。提倡生物防治，如果采用化学防治，要尽量采用低毒、高效的农药进行防治。

（1）叶斑病

可用 20% 进口甲基托布津 1000 倍液在发病初期叶面喷洒。

（2）枯萎病

用 70% 百菌清 600 倍液在发病初期喷一次，每隔 7～10 天喷一次，连喷 2～3 次。

（3）蚜虫

7 月中下旬，绿豆开花期，亩用 40% 的乐果乳油 1000 倍液 40～50 千克叶面喷雾，或用一遍净，亩用量 5～15 克，配成 2000～3000 倍液喷雾防治。

（4）豆象

8 月上旬，绿豆结荚期，亩用 50% 的辛硫磷 2000 倍液喷雾或用敌敌畏熏蒸。

（5）红蜘蛛

采用甲氰菊酯 1000～2000 倍液喷雾防治。

（九）适时收获

绿豆成熟与开花顺序相同，成熟后自行裂荚落粒，小面积种植，应随熟随收。每隔 6～7 天，分批摘荚，大面积栽培，要一次性收获。当植株有 2/3 荚果变色，豆角变干，豆粒鼓圆时开始收获。每天 10:00 前及傍晚进行收获，避免炸荚落粒，减少损失，然后晒干、脱粒、清选、入库。

二、超早熟马铃薯高产栽培技术

马铃薯是人民生活中不可缺少的主要蔬菜，它富含淀粉、蛋白质、多种维生素和无机盐，有"地下苹果"之称。黑龙江省过去的农业生产只限于一年一季的中晚熟马铃薯品种的生产，造成早春市场全部依靠外进，不仅价格高，而且质量差。

（一）品种特性

早大白由辽宁引入，从播种到收获约 65 天，是目前马铃薯早熟品种中极早熟的品种。早大白株高 40 ～ 48 厘米，生长势强，白花，平均单薯重 150 ～ 200 克，大薯率 85% 以上，结薯集中，单株结薯 2 ～ 4 个，白皮，白肉，长扁椭圆形，形状规则，表皮光滑，芽眼少而浅，淀粉含量高，品质佳。一般每亩产量在 2000 千克以上，最高可达 4500 千克。

（二）选地选茬

选择土质疏松、土层深厚、肥沃、靠近水源，连续 4 年未种过马铃薯或茄科作物的平岗地为宜。前茬最好是玉米、大豆茬，切忌选择茄科前茬，忌重茬和迎茬。严禁选择喷施过阿特拉津、普施特、氯磺隆等除草剂的茬口，否则会造成绝产或严重减产。

（三）整地施肥

整地质量是保证马铃薯高产稳产的重要措施之一。提倡"深耕细耙"整地法，要求深耕 20 ～ 25 厘米，可使土壤疏松，消灭杂草和害虫，提高土壤蓄水能力，减少水分蒸发，有利于马铃薯根系发育和块茎膨大；经过深耕的土地，早春解冻后要及时耙细耢平，达到上松下实，无坷垃，为马铃薯生长、结薯、高产创造良好的土壤条件。耕前结合整地撒施农家肥，有条件的地方可将化肥和农家肥结合施于土壤中，一般施腐熟的牲畜粪 2000 ～ 3000 千克/亩，磷酸二铵 20 千克/亩，尿素 15 千克/亩，硫酸钾 15 千克/亩。为防治地下害虫，可同时混施 3% 的辛硫磷颗粒剂 3 千克/亩与农家肥一并深耕入土。

（四）暖种、切块、催芽、晒芽

3 月中旬将种薯从窖中取出，挑选无病种薯平铺到 20℃ 左右室内，暖种催芽 5 ～ 6 天，待芽萌动后，按芽切块，每千克切 35 ～ 40 块，每块 25 克左右，切块后用少量草木灰拌种块。2 ～ 3 天后将薯块放到 20℃ 左右棚室内，一层潮湿细土，一层薯块，每层厚度 6 ～ 8 厘米，堆积 2 ～ 3 层，将种薯块埋在土地中，上盖地膜催芽。当芽长到 1 ～ 2 厘米时，扒出薯块绿化，使芽变粗、变软，以利栽种。

（五）保墒播种

4月15～20日，按20～25厘米株距，每亩4500～5000墩，在地膜上打眼，深10厘米左右，栽薯块，灌墩水，覆土封墩。

（六）及时放苗

5月1日前后，当幼苗（芽）拱土顶膜时，将拱土的苗引到膜外，用土将口封严；未出苗的墩应扒开苗眼使之与外界通气降温，以防烤苗。

（七）蕾期揭膜、培土、灌水

当田间少量植株现蕾开花时，揭地膜，人工拿大草，此时千万不可用锄头铲，以免将小块茎铲掉，之后培土，喷施叶面肥。

（八）及时收获

当植株底部叶片变黄时，可根据市场供求及价格情况分期或一次采收上市。

三、地瓜高产栽培技术

（一）品种选择

选择无病、无破伤，未受冷害和涝害的优良种薯。目前有冀薯99、群紫1号、一窝红。

（二）育苗方法

可在大、中棚内搭成回龙火炕上铺营养土后进行育苗。

1. 种薯处理

用50℃的温水浸种薯10分钟，或用50%的甲基托布津配置500～1000倍液，浸种薯10分钟，防治各种病害。

2. 育苗时间

肇源县地瓜可于4月10日左右育苗。

3. 育苗方法

（1）床土的配置

可把腐熟的马粪或腐熟的过圈粪与肥沃的土壤按 1 ∶ 3 的比例混合，拌匀后在回龙火炕上铺 8 ～ 10 厘米，每平方米再施入硫酸铵 100 克。

（2）排种技术

排种时，可将大小种薯分开，要求上齐，种薯 150 ～ 200 克为宜，大的不经济，小的较弱。排完种薯后，用沙子填满种薯的间隙，随即用喷壶浇温水浇透床土，待水渗下后，最后在种薯上盖沙 1.5 ～ 2 厘米，亩用种量 50 ～ 75 千克，1.5 ～ 2 千克 /m²。

（3）苗床管理

①从排种到出苗：火炕在育苗排种前 2 天浇水，当床温达 30℃时排种，种薯排后第一天温度升到 30℃，排种以后逐渐升温，约在上炕后第五天开始萌芽，催芽温度为 35℃，最高不超过 38℃，保持 4 天后，把床温降到 30℃左右，上炕后经 8 ～ 9 天，幼芽出土。

"温长芽"温度高、水分少、先生芽、后生根，沤则不生根。

"水扎根"温度低、水分多、先生根、后生芽，沤则不生芽。

所以种薯上炕时苗床浇透水，以水促根，以后在水分适当减少时以温促芽。

②出苗后到炼苗前：出苗后床温下降到 28 ～ 25℃，前期用草苫保温，温度过高时揭膜降温。此期如发现干旱应浇温水，始终保持床面处于湿润状态。

③采苗前 5 ～ 6 天到采苗：一般在采苗前 5 ～ 6 天炼苗浇一次大水，以后停止浇水进行蹲苗，采苗前 3 天把床温降至 20℃左右，使大苗得到锻炼，小苗仍能继续生长。最后使栽苗能适应栽培场所的环境条件，温度采取前高中平后低，先催后炼技术控制措施。

④采苗及采苗后的管理：当苗高 16.5 ～ 20 厘米时要及时拔苗，拔苗的当天不要浇大水，利于种薯伤口愈合，防止传染病害，为避免小苗萎蔫；拔苗后可少喷点水，第二天浇大水，结合追肥，每平方米施硫酸铵 100 克催芽，拔苗后又转入以催为主，夜间加盖草帘，床温升到 32 ～ 35℃，促进秧苗生长，约经 3 天后又转入低温炼苗阶段。

拔下的苗暂不能定植露天地，可将苗用湿沙假植于空屋内或冷棚内，待 5 月终霜过后进行定植。

⑤薯苗消毒：剪去基部白茎，基部 6.6 ～ 10 厘米浸 50% 辛硫磷 100 倍液 10 分钟，防茎线虫；50% 甲托 1000 倍浸 10 分钟，防黑斑病。

（三）整地施肥

整地可采取"五秋"整地，即秋翻、秋耙、秋施肥、秋起垄、秋镇压；春整地可采取三犁川整地，结合整地亩施优质农肥 5 吨，同时混入磷酸二铵 20 千克，也可将化肥放入水桶内，栽时随水施入。

用南北垄，土壤 pH 值 5.2 ～ 6.7 为宜，适宜土层深厚、通气好的沙壤土。

（四）栽秧

1. 栽秧时期

肇源县可于终霜过后即 5 月中旬以后栽秧（5 ～ 10 厘米土温稳定 17℃，晚 1 天减产 0.7%），选晴暖无大风天气栽秧。

2. 栽植密度

垄距 60 ～ 70 厘米，株距 26.5 ～ 30 厘米为宜，亩保苗 3000 ～ 3400 株。

3. 栽植方法

按株距等距刨掩后，可将大小苗分栽，栽植深度 6.6 厘米左右，刨掩后先浇水，然后马上将苗栽入坑内，待水渗下封掩，露出 3 ～ 4 片展开叶，其余埋在土里。

（五）田间管理

1. 及时补苗

栽后 4 ～ 5 天进行及早补苗，补栽要选用壮苗，穴施少量尿素，使它赶上先栽的植株。

2. 中耕除草

每年要进行三铲三趟和拔一遍大草。

3. 追肥

地瓜缓苗后，每亩可追施尿素 20 千克或人粪尿 750 千克，后期可叶喷 0.2% 的磷酸二氢钾进行根外追肥。前期氮肥多，有利茎叶生长，纤维根、叶面积发展快。土壤肥力高或积肥足的田块，甘薯生长旺盛。叶色浓绿可不追肥。

第二章
果树栽培基础理论

PART 02

第一节　果树栽培概述

一、果树栽培的含义

果树栽培是果树学的一个分支，通常包括果树种类、品种和从育苗、建园直至产品采收各个生产环节的基本理论、知识和技术，也是一门应用技术科学。

二、果树栽培的特点

（一）果树种类和品种繁多

果树栽培已有数千年的发展历史，现在果树生产上应用的种类和品种有很多种。在乔本、藤本和草本中均有果树种类的栽培，而根据不同果树对环境条件要求、栽培技术差异以及各地区对果树产品的不同需求，又产生了很多相应的不同的果树品种。

（二）生长、生产周期长

与粮食作物生产相比，果树一般栽植当年不结果，需要 3～5 年才能进入结果期，5～7 年进入盛果期。生产周期长达几十年，甚至上百年。所以，发展果树要适地适树，做好市场调研，并结合当地优势，经过认真研究确定预发展的树种、品种和规模。

（三）集约化经营

果树产品和加工品是高值农产品，其生产和加工需投入较多的人力、物力，加工企业对劳动力素质的要求也较高，管理环节精细，经济收益也较大。

（四）产品以鲜食为主、加工为辅

经济发展水平越低的地方，鲜食的比例越大。目前我国的果品以鲜食为主，国外发达国家的果品加工率高达 60%～70%，我国果品加工率仅有 5%。

三、我国果树栽培发展趋势和前景

随着人民物质和精神生活水平的不断提高，消费者对于质优量多的果品的需求更明显。在与世界各国经济和技术的交流中，市场竞争对我国果树生产和科研水平提出了更高、更严格的要求。我国果树事业发展的趋势和前景主要体现在以下几个方面：

（一）树种品种区域化发展

我国幅员辽阔，气候多样，自然条件丰富。各省市、县及乡应根据本地区的气候、市场前景及当地文化等特点，充分发挥各环节的优势，发展最适宜的果树种类和品种，形成地方特色，实施品牌战略，实现果品生产的区域化。在选择果树品种时应注重优良品种（丰产、适应性强、抗病虫害、果大整齐、色艳质优，经济价值高等），以及早、中、晚熟品种的搭配。

（二）矮密化

为了使果树达到结果早、单位面积产量高、品质好、管理便利和更新换代快等目标，矮密化已经成为果农栽植果树的一大趋势。

（三）与高新科学技术密切结合

科学技术的发展使新兴和边缘科学不断增加，它们中的一部分也促进了果树事业的发展。利用建造温室大棚和日光温室等工程设施，通过科学的栽培管理使果实提前或延后收获，以获得较高的经济收益；利用计算机先进的信息技术和适宜的机械化操作等，对果园进行精细化管理；从果树栽植前的准备工作到果实成熟采收以及销售环节等都可以系统化管理，以达到企业化生产、减轻体力劳动强度、降低成本、提高工作效率的目的，进而取得最佳的效益。

（四）改良灌溉条件

通过喷灌、滴灌和渗灌等节水保水措施逐步代替传统的漫灌和沟灌，缓解水资源紧张，实现科学用水。

（五）绿色果品受宠

随着自然环境的污染及人们对健康的越来越重视，无公害果品、绿色果品和有机果品已逐渐被人们所认可。在选择果树品种时尽量选择抗病虫害和适应性强的品种，以减少化学农药和化肥的使用，甚至不用。

（六）果品生产社会化

果树生产的机械化和自动化是提高其生产效率的基础。同时，银行、工业、交通、生产保险和各种为果农朋友服务的第三产业（如技术培训和推广、科研、管理和信息的分享等服务体系）的完备也至关重要。果品生产社会化也要建立在农户生产专业化、果树分布区域化、生产供销一体化的基础上。

第二节　果树栽培技术

一、品种选择

果苗是建立果园、发展果树生产的物质基础，要如期完成建园计划适时投产、提高产量和品质必须要有品种纯正、数量足够、质量优良、适应当地自然条件栽培的良种苗木。

（一）合理配置果树树种

苹果、柑橘、梨是我国的主要栽培树种，达总栽培面积的67%，应该适当调整，缩减一些鲜食品种，增加一些加工品种。樱桃、李、杏、葡萄等果树的栽培面积可以适当扩大，并特别注意发展各地的名、优、特产品。另外，在配置果树树种时，还要考虑病虫害发生的问题，如在松柏等植物附近栽种苹果、梨等蔷薇科植物，极易导致锈病的发生；而在桑、枸等植物周围栽种苹果，则极易遭致蛀干害虫天牛的危害。

（二）加速实现实生繁殖果树的良种化

种子繁殖、实生苗栽培，后代在品质等性状上有严重的分离，影响果品的销售，因此应该加速实行良种化，使其品质更加优良。

（三）加强良种引种工作

苗木的来源有两种途径：一是国内引种；二是从国外引种。但是引种存在一定的风险，如品种纯度、质量等，运输不当还会影响成活率，造成经济损失，还有携带病虫害的可能性。再加上各地的气候、土壤条件有很大的差异，所以引种时要特别注意：为确保引种成功，必须采用科学的引种方法。

（四）发展名、优、特乡土树种

我国是一个果品资源丰富的国家，许多世界名优产品都起源于中国。但是长期以来，许多国家的果树生产超过了我国。毋庸置疑，我国必须重视名、优、特乡土品种，充分利用丰富的果树资源基因库，采用高新生物技术，进一步开展研究，对原有的乡土树种加以改造和提高，选育新的品种，满足本国及世界各个方面的需求。

二、苗木培育

良种壮苗是果树早产、丰产、优质果品的前提，为了培育根系发达、生长健壮的优良果苗，必须采用科学的育苗知识。

（一）实生苗的培育

凡是用种子繁殖的果树苗木称为实生苗。果树育苗，除核桃、板栗常用实生苗繁殖外，一般多培育砧木实生苗，然后嫁接。由于实生苗种子来源多，方法简便易行，便于大量繁殖，因此生产上普遍采用砧木实生苗来发展果苗。

1. 砧木种子的采集与储藏

采集良种，培育壮苗，必须做好以下几项工作：

（1）选择对环境条件适应性强、生长健壮、无病虫危害的母树。

（2）有些果树种子形态成熟之后，隔一定时期才能达到生理成熟；还有的树种，种子形态成熟的时候，胚还没有成熟，需在采收后再经过一段后熟期，种子才有发芽能力。过早采收，种子未成熟，种胚发育不全，储藏养分不足，生活力弱，发芽率低。采种用的果实必须在充分成熟时才能采收，一般根据种子和果实的外部形态进行判断。一般果实颜色转变为成熟色泽，果实变软，种皮颜色变深而具有光泽，种子含水量减少。

（3）剥除果肉多用堆积软化法，即果实采收后，放入缸内或堆积起来，使果肉软化。堆积期间要经常翻动，切忌发酵过度，温度过高，影响种了发芽率。果肉软化后取种，用清水冲洗干净，然后铺在背阴通风处晾干，不要在阳光下曝晒。

板栗、樱桃等种子，一般在干燥后发芽力降低，取种后应立即沙藏或播种。

（4）在储藏前必须清除果肉、果皮碎屑、空粒、破碎种子和其他杂物。储藏过程中，经常注意储藏场所的温度、湿度和通风状况，发现种子发热霉烂应及时处理。另外，还要做到防鼠、防虫等工作。

种子后熟与层积处理：形态成熟的种子，不能随时发芽的现象叫做休眠。而后熟只是休眠的一种表现。休眠期的长短因树种而异。层积处理是目前生产上最常用且最可靠的一种人工促进种子后熟的重要手段。

层积处理即以河沙做基质与种子分层放置，又名沙藏处理，多在秋、冬进行。如桃、梨、梅、李、杏等果树种子必须经过层积后熟后才能发芽，故一般采收后层积至秋冬播种，或沙藏过冬后春播。沙藏的方法有室外露地沙藏和室内沙藏。沙藏时把种子与洁净河沙分层堆积或混合堆放，沙的用量为种子的 3 ~ 4 倍，沙的干湿度以"用手捏成团，摊开后有大裂痕"为宜。沙藏时堆放高度一般不超过 50 厘米，堆放后可覆盖塑料薄膜，以后每隔 15 天检查 1 次，根据沙的干湿度进行喷水或吹风晾干，以保证种子既不干枯又不霉烂。

播种：播种前必须经过种子质量的检验和发芽试验。

2. 测定种子的生活力可用的方法

（1）目测法

即直接观察种子的外部形态。凡种粒饱满，粒种、种皮有光泽，剥皮后胚及子叶呈乳白色，不透明有弹性，为有活力的种子；若种子皮皱发暗，有霉味，剥皮后胚呈透明状甚至变为褐色，是失去活力的种子。

（2）染色法

即将种子放在水中浸泡 12 ~ 24 小时，剥去种皮，放入浓度为 5% 的红墨水稀释液，染色 2 ~ 4 小时，将种子取出，用清水冲洗。凡是胚和子叶完全着色的为无活力的种子，胚和子叶部分着色的为生活力差的种子，胚和子叶无着色的为有生活力的种子。然后调查统计具有生活力种子的百分率，以此作为确定播种量和育苗量的参考。

（3）播种分为春播和秋播

春播一般适应于冬季寒冷、干旱、风沙大的地区。在土壤解冻后进行，并且春播的种子必须经过层积处理或其他处理。秋播一般适应于冬季较短且不甚寒冷的地区，一般在土壤封冻之前进行。但柑橘类的梗，以及枇杷、杨梅、枣、柿等可随采随播。播种方法一般采用条播、撒播、点播三种。播种后要立即覆土、镇压。覆土厚度应根据种子大小、苗地的土壤及气候等条件来决定。一般覆土厚度为种子大小的 2 ~ 3 倍，干燥地区比湿润地区播种应深些，秋冬播比春夏播要深些，沙土、砂壤土比黏土要深些。春季干旱，蒸发量大的地区，面上应覆草或覆盖地膜保湿。

（4）播后管理

播种后应保持土壤湿润，出苗前切忌漫灌。土壤过干可洒水增墒。种子出土以后，一般在幼苗长出 2 ~ 3 片真叶时，开始第一次间苗，过晚影响幼苗生长。要做到早间苗，晚定苗，及时进行移植补苗，使苗木分布均匀，生长良好。间苗应在长出 2 ~ 3 片真叶后或灌水后，结合中耕除草，分 2 ~ 3 次进行。定苗时的保留株数可稍大于产苗量。当幼苗受到某种灾害时，定苗时间要适当推迟。定苗后及时浇定根水，保持湿度。苗床还要经常中耕除草、追肥，同时还要注意防治病虫害。

（二）嫁接苗的培育

嫁接育苗，就是将优良品种的枝或芽，接到另一植株的适当部位上，从而形成一棵新株的育苗方法。接上去的枝或芽叫做接穗或接芽，与接穗或接芽相接的植株叫砧木。当前，嫁接育苗是培养果树苗木的主要手段。嫁接苗能保持母体的优良性状，变异性小；早结果、早投产、早丰产；可以增加抗性，提高适应性；育苗量大。

1. 砧木的选择

砧木的选择应满足下列条件：与接穗的亲和力强；对接穗的生长结果影响良好；对栽培地区条件适应性强；易于大量繁殖；具有特殊需要的性状。

2. 接穗的准备

选择品种纯正、生长健壮、丰产优质的盛果期果树，采集枝条充实饱满、芽饱满、不带病虫害的一年生发育枝或结果枝，以枝条中段为宜。接穗分为休眠期不带叶的接穗和生长期带叶的接穗，所以应该采取不同的储藏方法。前者结合冬剪收集健壮的一年生枝条，进行沙藏，春季使用；后者做好随采随用，采下后立即将其叶片剪掉，只留部分叶柄，放在阴凉处保湿备用。

3. 嫁接

嫁接分为枝接和芽接。一般枝接宜在果树萌发前的早春进行，因为此时砧木和接穗组织充实，温度湿度等也有利于形成层的旺盛分裂，加快伤口愈合。而芽接则应选择在生长缓慢期进行，以今年嫁接成活，明年春天发芽成苗为好。

（1）枝接的方法

用枝条做接穗进行嫁接叫枝接。枝接的方法较多，常用的有：操作简便、成活率高、适用于直径在1厘米以上的砧木的切接法；适用于较粗砧木或大树高接的劈接法；适用于较粗、皮层较厚的砧木的皮下接法和腹接法等。

①切接：将砧木在离地约5厘米处剪断，从砧木横切面1/4～1/5处纵切一刀，深度约3厘米，再把接穗削成一个长约4厘米的大斜面，在背面削一个马蹄形的长1～2厘米的小斜面，削面上部剪留2～4个芽，然后将长削面向里垂直插入砧木切口，使砧穗形成层对齐，最后用塑料条绑扎。

②劈接：将砧木在树皮通直无节疤处锯断，削平伤口。用劈接刀从断面中间劈开，深达3厘米以上，接穗留2～4个芽，在它的下部左右各削一刀成楔形，然后用铁钎子或螺丝刀将砧木劈口撬开，把接穗的形成层对准砧木的形成层插入，使接穗削面上部露白0.5厘米以利于伤口愈合，再用塑料条包扎。常采用劈接的树种有杨核桃、板栗、楸树、枣、柿等。

③插皮接（皮下接）：在砧木上选光滑无痕处锯断，纵切皮层，切口长2.5厘米左右，再将接穗削一个4～5厘米长的斜面，切削时先将刀横切入木质部约1/2处，而后向前斜削到先端，再在接穗的背面削一个小斜面，并把下端削尖。这时将砧木层向两边微撬，然后将削好的接穗大削面对着木质部插入砧木皮内，用塑料条绑紧、绑严。

（2）芽接的方法

以芽片做接穗进行嫁接叫芽接。

①"T"字形芽接：方法简单，容易掌握，速度快，成活率高，从5月中旬到9月下旬均可进行。具体方法：在选定的叶芽上方0.5厘米处横切一刀，长约0.8厘米，再在叶芽下方1厘米处横切一刀，然后用刀自下端横切处紧贴枝条的木质部向上削去，一直削到上端横切处，削成一个上宽下窄的盾形芽片——接穗。

选取砧木主干基部距地面8～15厘米处的光滑面，先横割1刀，伤口宽约1厘米，再在横切口中央向下竖划1刀，长约2厘米，切成"T"形，深度均以切透皮层为限，用芽接刀柄上的骨片，将切口的皮层向两边挑开，将接穗插入切口中。使芽片横切口的皮层和砧木横切口的皮层对齐靠紧，然后用塑料薄膜条自下而上将切口全部包扎严密。秋季嫁接的仅露叶柄不露芽，桃类在 5 ~ 6 月嫁接的应露芽包扎。生产上常用先切砧木，再取芽片，然后插入芽的顺序进行，减少芽片的暴露时间，提高成活率。

②嵌芽接：在砧、穗均难以离皮时采用嵌芽接，特别是对于枣、栗等枝梢具有棱角或沟纹的树种使用更多。削取接芽时倒持接穗，先从芽的上方向下斜削一刀，长 2 厘米左右，随后在芽的下方稍斜切入木质部，长约 0.6 厘米，取下芽片。砧木切口的方法与削接芽相似，但比削接芽稍长，插入芽片后应注意芽片上端必须露出一线宽窄的砧木皮层，然后绑扎。

（3）嫁接后管理

①检查成活。大多数果树芽接后 10 ~ 15 天，切接后 20 ~ 30 天，即可检查成活率。如接穗芽眼鲜绿，叶柄一触即落，说明已成活；接穗枯萎变色，说明没有成活，应及时用同一品种补接。

②除膜和剪砧。春季切（腹）接的苗，应在第一次梢停止生长且木质化时，及时除掉薄膜。秋季芽接或腹接的苗，应在次年春季气温回升较稳定时，在离芽上方 3 ~ 5 厘米处剪断砧木，待春梢生长停止时进行第二次剪砧，至 4 月下旬进行除膜。

③抹芽摘心。嫁接苗砧木上抽生的萌蘖应及时抹除，一般每隔 15 ~ 20 天抹除 1 次。对接芽抽发的新梢，只能选留 1 个健壮的枝梢，作为主干进行培养，其余的应及早摘除。柑橘等常绿果树的苗木，当苗木长到 30 厘米时，应进行摘心定干，并在主干上选留 3 个分枝进行培养，以形成一干 3 分枝的苗木骨架；葡萄、猕猴桃的扦插苗长到 1 米长时，无花果、石榴的扦插苗长到 30 ~ 50 厘米时应进行摘心，促其分枝。

④加强水肥管理。因嫁接后的植株生长旺盛，喜肥喜水，所以除进行正常的中耕除草灌水外，还要在 5 月下旬和 7 月下旬各施一次稀薄的人畜粪尿。

⑤防治病虫害。由于多数害虫喜欢蛀食幼叶，所以要加强病虫害的防治。

嫁接在果树生产上除用以保持品种优良特性外，也用于提早结果、克服有些种类不易繁殖的困难、抗病免疫、预防虫害；此外还可利用砧木的风土适应性扩大栽培区域、提高产量和品质，以及使果树矮化或乔化等。在观赏植物等的生产上，常用接根法来恢复树势，保存古树名木；用桥接法来挽救树干被害的大树；

用高接法来改换大树原有的劣种，弥补树冠残缺等；利用高接换种还可以解决自花授粉不结实或雌雄异株果树的授粉问题。

（三）自根苗的培育

自根苗即采用扦插、压苗、分株等无性繁殖的方法获得的苗木，又名无性生殖苗或营养繁殖苗。其没有主根，也没有真正的根茎。变异小，能保持母株的优良特性，进入结果期较早，繁殖方法简单，但其适应性、抗逆性、繁殖系数较低。

扦插繁殖：利用果树的枝条或根进行扦插，使其生根或萌芽抽枝，长成新的植株。凡是枝、根、叶容易形成不定根的树种，都可采用扦插繁殖。果树中葡萄、无花果、石榴、草莓等常用扦插繁殖育苗，猕猴桃、山楂、樱桃、银杏及柑橘砧木有时也采用扦插育苗。

扦插按所用材料不同，分枝插、根插和叶插。果树扦插繁殖用枝插为多，但山楂、樱桃等树种则用根插较易成活，叶插在果树上极少应用。

枝插：果树扦插又可分为硬枝插和绿枝插两种。前者处于休眠期，利用已完全木质化的 1 年生枝条进行扦插；后者则是在生长季节利用当年抽生的未木质化或半木质化带叶枝条进行扦插，并需要遮阴保湿。绿枝扦插由于技术要求较高，成活率很低。因此，目前生产上应用最广的是硬枝扦插。方法是：一般将枝条剪成长 10 ~ 15 厘米，具有 1 ~ 3 个芽的枝段，上端剪口在芽上 2 ~ 3 厘米处剪成平口，下端在节下斜剪成马耳形，然后扦插，插后要灌水覆土使土壤与插条密接。

根插：即用根作插穗的扦插方法。一般容易发生根蘖的果树常用根插，如苹果、梨、枣。时间一般在秋季或早春。根条宜稍粗大，长 10 ~ 15 厘米根段，上端剪口平，深埋于地面以下即可。

压条繁殖：枝条不与母株分离的状态下压入土中，使压入部分抽枝生根，然后再剪离母株成为独立新植株的繁殖方法。

直立压条：冬季或早春萌发前在离地面 20 厘米处剪断，促使发生多数新梢，待新梢长到 20 厘米以上，将基部环剥或刻伤并培土使其生根。培土高度约为新梢高度的一半，当新梢长到 40 厘米左右时进行第二次培土。秋末扒开土堆，从新根下剪离母株即成为新的植株。如繁殖石榴、无花果、苹果等。

水平压条：将母株枝蔓压入 10 厘米左右的浅沟内，用枝杈固定，顶梢露出地面。等各节上长出新梢后，再从基部培土使新梢基部生根，然后切离母株。如繁殖葡萄、苹果矮化砧苗。

曲枝压条：多于早春将母株枝条易于接近地面的部分刻伤，弯曲埋入土内，深 10 厘米左右，等到生根抽枝后切离母株。如繁殖葡萄、苹果、梨等。

空中压条：用于枝条不易弯曲到地面的高大树木。其方法是，春季 3 ~ 4 月选 1 ~ 2 年生枝条，在需要生根的部位适当刻伤，用湿润苔藓或肥沃土壤包裹，外面再用塑料薄膜或对开竹筒包住。注意保持湿润，待生根后与母株分离，继续培育。可用于较难生根的苹果、梨等。

分株繁殖：利用匍匐茎、母株根蘖等营养器官，在自然状态下生根后分离栽植的方法。

匍匐茎分株法：主要用于草莓。草莓地下茎下的腋芽在形成当年就能萌发成为匍匐茎，在其节上发生叶簇和芽，下部生根长成一幼株，夏末秋初将幼苗挖出即可栽植。

根蘖分株法：在休眠期或萌发前将母株树冠外围部分骨干根切断或刻伤，生长期加强肥水管理，促使生长和发根，秋季或翌年春挖出分离栽植。如山楂、山定子、枣等。

三、苗木出圃

苗木出圃是育种工作的最后一个环节，出圃工作的好坏直接影响到苗木的质量和栽培成活率及栽培后的生长状况。

（一）出圃前的准备

在挖苗前 2 天，若圃地土壤较干的话，要浇一次透水，以免伤根。起苗地不宜选择沙土或砾质土，要选择土层深厚、石砾少、肥力较好的壤土和中壤，以土壤持水量 45% ~ 55% 为宜，保证所起苗木的土坨完整。

（二）出苗方法

为保留 20 厘米的侧根，起苗时要离根茎 25 厘米处挖土，主根深度可于 25 厘米以下切断，严防损伤枝茎和芽眼。

落叶树种可不带土，尽量减少根系的损伤，但是常绿树种应尽量带土，并保持根系完整。

（三）出苗木规格

出圃的苗木必须符合以下几个条件：品种纯正，无病虫害；根系好，主侧根数目在 4 条以上，长 20 厘米以上；苗木长势较好，高 80 厘米以上，粗 0.8 厘米以上，整形带内有 8 个左右饱满的芽；嫁接口愈合正常，亲和良好，砧穗生长平衡。

（四）苗木的检疫与消毒

苗木出圃应严格检疫工作。苗木包装前应经检疫机关检验，发给检疫证书，才能承运或寄送。带有"检疫对象"的苗木，一般不能出圃；病虫害严重的苗木应烧毁；即使属非检疫对象的病虫也应防止传播。因此苗木出圃前，需进行严格的消毒，以控制病虫害的蔓延传播。常用的苗木消毒方法有：

①石硫合剂消毒。用 3～5 波美度石灰硫黄合剂浸苗木 10～20 分钟，再用清水冲洗根部。

②波尔多液消毒。用 1:1:100 波尔多液浸苗木 10～20 分钟，再用清水冲洗根部。对李属植物要慎重应用，尤其是早春萌芽季节，以防药害。

③硫酸铜水消毒。用 0.1%～1.0% 硫酸铜溶液，处理 5 分钟，然后再将其浸在清水中洗净。此药主要用于休眠期苗木根系的消毒，不宜用作全株苗木消毒。

（五）遮阴保湿

将售出苗按 50～100 株一捆，挂上写有品种名称、级别和数量的标签，内填泡湿的水草，外包以草帘，可保湿一周。在运输中要做好遮阴保湿工作，若短途运输，成捆装车以后，要用篷布盖严，若长途运输，更要做好遮阴保湿工作。

（六）苗木储藏

起苗后清除病株分级后需要储藏，储藏又名假植，分为临时性假植和越冬性假植两种方式。

临时性假植可选择灌溉条件好的地块，挖假植沟，一般宽为100厘米，深为50厘米，长度视假植数量而定，将苗木一排排放在沟内，用细土盖至根茎以上15厘米左右处，用脚适度踏实，浇透水，再盖草席遮阴。

越冬性假植应选择背风向阳、无积水的地方，假植沟的大小同临时性假植，将苗木一排排放在沟内，用细土盖至苗高的1/2左右处，土壤与苗木根系紧密接触，不留空隙，浇透水。

（七）包装和运输

长途调运的苗木必须进行包装，植株大的按50株1捆，小的按100株1捆进行包扎。常绿果树如果是裸根起苗的，捆前必须用泥浆蘸根。落叶果树苗虽不一定要用泥浆蘸根，但也同样需要注意根部保湿，一般用湿稻草、锯末或苔藓等填充根系，外面用塑料薄膜、纤维编织袋、草袋或蒲包等物包裹，至少包到苗高的一半，最好仅留顶部，捆扎牢固。容器育苗的应有完整的原装容器。

包装物内外均须挂标签，写明品种品系、砧木、等级、数量、接穗来源、起苗日期和育苗单位等。如同时出圃2个以上品种的，应分别包装，作出明显的标记。

四、建园定植

果树是多年生植物，经济寿命长，一经栽植，多年收益。因此，品种配置和栽植方式是否科学、合理将对果园的经济效益产生长远的影响。

（一）现代果园的标准

机械化管理：目前我国是一家一户的小规模的统一建园方式，严重影响劳动效率的提高。而用机械操作来完成果园管理的大部分工作，不仅提高了劳动效率，还可以降低成本。因此为实现果园管理的机械化，必须以大面积、高标准的统一建园为前提。

集约化种植：矮化密植有利于简化树形，方便管理和机械操作。同时还可以使果品优质率和经济效益提高。

优质化生产：采用先进的生产技术有助于果品在市场中占有利地位。如增施有机肥、少用化肥，采用生物防治等。

名牌化销售：要实现果品的名牌化，首先要保证果品质量，然后进行包装、大力宣传，注册商标等。走品牌道路，创名优效益。

（二）园址的选择

选择合适的园地：选择果园不得占用农田耕地、高产田地，应当选择地势较为平坦的平地；土层深厚、肥沃的丘陵；山地、退耕还林地等。

适地适树：要充分考虑当地的气候、土壤、雨量、自然条件、市场需求等。做到因地制宜、适地适树，发挥当地的自然优势和品种的优良性状。

避开灾害频繁区：冻害、晚霜、干旱、洪涝等自然灾害频繁的地区，严重影响果树的生长发育和丰产、稳产，不宜建园；工厂废渣、废水、废气污染严重的地方，亦避开。

水利、交通条件：建园地要水源充足，以利于灌溉；交通方便，以利于运输。

（三）果园规划

道路：道路由主路、支路、小路组成。主路要直而宽，一般为 5~7 米，要求位置适中，贯穿全园，通常设置在栽植大区之间，主、副林带一侧；支路是通往各小区的运输通道，一般宽为 4~5 米，常设置在大区之内，小区之间，与主路垂直；小路即人们日常管理果园行走的路，一般宽为 1~1.5 米。

果园小区规划：果园作业区（小区）为果园的基本生产单位，是为管理上的方便而设置的。若果园面积较小，也可不用设置作业区。作业区的面积、形状、方位都应与当地的地形、土壤条件及气候特点相适应，并要与果园的道路系统、排管系统以及水土保持工程的规划设计相互配合。划分小区应满足：同一小区内气候条件及土壤条件应当基本一致，以保证同一小区内管理技术内容和效果一致性；在山地、丘陵地，有利于防止果园水土流失；有利于防止果树的风害；有利于果园的运输和机械化管理。果园小区面积因立地条件而定，一般平地或气候、土壤条件较为一致的园地，面积为 50 亩；山地为 30 亩。

辅助设施的规划：果树辅助建筑物包括办公室、财务室、车辆库、工具室、肥料农药库、包装场、配药场、果品储藏库、加工厂、绿肥和饲料基地等。

（四）树种和品种的选择

建园时选择适宜的树种、品种是实现果园目的的一项重要决策。在选择树种和品种时应该注意以下条件。

1.优良品种、有独特的经济性状

优良品种具有生长健壮、抗逆性强、丰产、质优等较好的综合性状。此外，还应该注意其独特的经济性状，如美观的果型、诱人的颜色、熟期早等。

2.适应当地气候和土壤条件，优质丰产

优良品种必须在适应的环境条件下才能表现优良性状，才能够优质丰产，以此选择树种时一定结合当地气候土壤等条件，并且尽量保证丰产和优质的统一。

（五）授粉品种的选择和配置

由于许多果树如苹果、梨、桃的大部分品种有自花不实的现象，结果率很低，只有配置其他品种作为授粉树进行异花授粉才能正常结果。而雌雄异株的银杏、猕猴桃等，种植单一的雌株更无法形成产量。即使是能够自花结实的柿子、枣等，在果树建园时也必须配置好授粉树种。授粉树与主栽品种的距离，依传粉媒介而异。

1.授粉树种应该具备的条件

（1）与主栽品种能相互授粉，坐果率高。

（2）与主栽品种同时进入结果期，且年年开花，经济结果寿命长短相近。

（3）能产生大量有活力的花粉，大小年现象不明显。

（4）与主栽品种授粉亲和力强，能生产经济价值高的果实。

（5）当授粉品种有效地为主栽品种授粉，而主栽品种却不能为授粉品种授粉，又无其他品种取代时，必须按照上述条件另选第二品种作为授粉品种的授粉树，但主栽品种或第一授粉品种也必须作为第二授粉品种的授粉树。

2.授粉树在果园的配置方式

（1）中心式

一株授粉品种在中心，周围栽 8 株主栽品种。小型果园中，果树作正方形栽植时，常用中心式配置。

（2）行列式

沿小区长边，按树行的方向成行栽植。梯田坡地果园按等高梯田行向成行配置。两行授粉树之间间隔行数因品种不同而异，果类多为4～8行，核果类多为3～7行。大中型果园中配置授粉树常用行列式配置。

授粉树在果园中占的比例，应视授粉品种与主栽品种相互授粉的亲和状况及授粉品种的经济价值而定。授粉品种与主栽品种经济价值相同，且授粉结果率都高，授粉品种与主栽品种可以等量配置；若授粉品种经济价值较低，可在保证充分授粉的前提下低量配置。

（六）果树栽植

果树栽植方式有长方形栽植、正方形栽植、三角形栽植，以长方形栽植较为常见，因为行距大、株距小，便于管理和间作。一般落叶果树于落叶后至立春萌芽前栽植，常绿树种一般为秋季栽植。

定点挖穴：无论是平地山地，均应按规划首先测出定植点，然后以定植点为中心挖穴。穴的大小以一米见方为宜，挖穴时间比定植时间适当提前。

选用壮苗：种植果树既要选择优良品种，还要选用优质壮苗。所谓壮苗即苗高适宜、枝干充实、芽体饱满、根系发育良好、须根多而长等。

肥料准备：为促进定植后幼苗的前期生长，可提前准备一些肥料。每棵树15～20千克有机肥，50～100克化肥，部分过磷酸钙。

定植：定植时将果苗的主根垂直于穴中央扶正，舒展根系，用熟土埋根并稍向上提苗，然后踩实，根茎部露在外面。定植结束时修树盘，浇定根水，覆一平方米地膜，四周用土埋实。

五、果园土肥水管理

（一）土壤管理

1. 果园土壤耕翻

对园土进行深翻，结合有机肥施用，是改良土壤，特别是深层土壤的有效措施和果园低产变高产的有效途径。耕翻多在秋季或春季进行。深度以稍深于果树主要根系分布层为度，一般要求达到80～100厘米。深翻改土的方法有：

（1）深翻扩穴

幼树定植后，逐年向外深翻扩大栽植穴，直至株间全部翻遍为止，适合劳力较少的果园。但每次深翻范围小，需 3 ~ 4 次才能完成全园深翻。隔行深翻：即隔一行翻一行。

（2）全园深翻

将定植穴以外的土壤一次深翻完毕，这种方法需要劳力、肥料较多，但翻耕后便于平整土地，有利果园耕作，最好在建园定植前进行。不论何种方式深翻一定要结合增施有机质肥料、石灰等。

2. 中耕除草

中耕和除草是两项措施，但相辅进行。中耕的主要目的在于消除杂草，以减少水分、养分的消耗。中耕次数应根据当地气候特点、杂草多少而定。耕深度一般为 6 ~ 10 厘米，过深伤根，对果树生长不利，过浅起不到中耕的作用。在生长季节，每月对果园进行中耕除草一次，除尽杂草，减少水分和养分的消耗，改善土壤的通透性。

3. 树盘覆盖

树盘覆盖可以起到增加土壤有机质、稳定土温、保墒、防止水土流失、健壮树势的作用。

树盘覆草从夏季 7 月上旬始至翌年 2 月下旬止，其覆盖材料就地取材，如绿肥、山青草、稻草、麦草等；覆盖面以离树干 10 厘米始至树冠滴水线外 30 厘米止，厚度 20 厘米左右，待覆盖结束后将覆盖物翻入土中。在冬季应用地膜覆盖能起到防寒保温的作用。在 11 月上旬开始，结合树盘覆草，在草上面再盖一层地膜，直到翌年 2 月上、中旬结束。

4. 间种绿肥作物

在幼龄果园及宽行种植的果园，可以种植绿肥作物，在适当的时期，把绿肥作物翻压到土中，作为果树的有机肥。间作物要在树盘之外一定距离（50 ~ 80 厘米）。绿肥作物大多数具有强大而深的根系，生长迅速，可以吸取土壤较深层的养分，起到集中产发的作用。残留在土壤中的根系腐烂后，有利于改善土壤结构和增加土壤有机质。豆科绿肥有根瘤菌，可以吸收固定空气中的氮素。绿肥经过翻耕后可以增加土壤中的氮、磷、钾、钙、镁等营养成分和有机质。常用的绿肥作物有：豆科绿肥作物大豆、绿豆、花生、豌豆、苕子等；药用植物白菊、甘草、党参、红花、芍药等；块根、块茎作物马铃薯、萝卜等；蔬菜类作物叶菜、根菜等。

（二）水分管理

水分管理包括合理灌溉和及时排水两方面。正确的水分管理，既满足果树正常生长发育需要，又不影响果树的花芽分化，是实现果树丰产、优质和高效益栽培的最根本保证。水分管理应根据降雨、土壤缺水情况及果树需水规律而定，坚持"随旱随灌，随涝随排"的原则。

1.果园灌水

（1）果园灌水的关键时期

①前芽水。在春天土壤解冻后，果树发芽前浇一次透水，有利于促进根系对肥料的吸收，利于开花、坐果和新梢、果实的生长。②花后水。盛花期后幼果将形成时，浇一次透水，能减少落花落果，提高坐果率，促进果实膨大。③催果水。在果实迅速膨大期浇一次透水，满足果实、新梢生长发育的需要。④封冻水。采果后到封冻前结合施基肥浇一次透水，有利于树体吸收有机肥料，促进花芽分化质量，提高抗旱性能，达到安全越冬的效果。

（2）常用的灌水方法

①沟灌。利用自然水源（水库等）或水泵提水，开沟引水灌溉。②浇灌。在水源不足或幼龄果园和零星栽植的果树，可以挑水浇灌。浇灌方法简便，但费时费工，劳动强度大。为防止蒸发，浇灌宜在早、晚进行，浇后覆土或覆草更好。③滴灌，又称滴水灌溉，是将一种有压力的水，通过水泵、过滤器、管径不同的管道和毛管滴头，将水一滴一滴地滴入果树根系范围土层，使土层保持根系适宜生长的湿润状态。滴灌的优点是节水、不使土壤板结和不破坏土壤结构。同时还可结合施加化肥，省工。使用滴灌增产幅度可达 20% ~ 25%。④喷灌，又称人工降雨。是利用机械动力设备将水射至空中，形成细小水滴来灌溉果园的技术措施。喷灌的优点：一是省水；二是省土，可减少土、肥的流失，避免渍水，有利于保护土壤结构；三是调节果园小气候；四是经济利用土地，节省劳力。⑤低头雾状喷灌，与喷灌相似，只是喷头低，水以雾状喷出，缓慢均匀地湿润根系。雾状喷头有安装在树盘周围的，也有捆绑在植株枝干上的。

2. 果园排水

排水是将果园中过多的水分排除。排水不仅减少养分损失，而且能改善土壤通透状况，有利于植株的生长。目前的排水系统主要有：

（1）明沟排水

即在地表间隔一定距离，顺行向挖一定深宽的沟，进行排水。排水系统的走向根据地貌和地势而定。山地排水系统由拦水沟、蓄水坑和总排水沟等组成；平地果园的排水系统，由小区内行间集水沟、小区间支沟和果园干沟组成。

（2）暗管排水

即在果园安设地下管道，通常由干管、支管和排水管组成。只适用于透水性较好的土壤。特点是方便地面耕作和机械操作，但建设成本较高。

（三）果园施肥

施肥的目的是为果树提供生长发育所需要的营养元素和改善土壤的理化性状。因此，施肥既要保证当年丰产，也要为连年丰产做好准备。施肥还要与果园其他管理如土壤耕作、间作、排灌水等相配合，注意节约肥料和劳力，降低生产成本，提高效益。

果树正常生长发育需要多种营养元素，其中的一些元素需要量较大，如碳、氢、氧、氮、磷、钾、钙、镁、硫等，称大量元素；另一些元素，如硼、铁、锌、锰、铜、钼等，需要量小，在树体中含量仅占十万分之一至百万分之一，称为微量元素。不论大量元素和微量元素都是果树正常生长发育所不可缺少的。

此外，土壤 pH 值不同，则影响各种营养元素的有效性，施肥前应先了解土壤中含有有效元素情况及其相互关系，制订出合理的施肥制度。

1. 施肥时期

（1）基肥

较长时期供给果树多种养分的基础肥料。主要特点是肥效期长，分解慢，可陆续供果树吸收利用；施肥量大，占全年施肥量的 50% 左右；以有机肥为主，可适当增加一些速效化肥。基肥的施用量视土壤肥瘦、植株大小、树势强弱、树龄老幼而定，一般株施农家肥 20 ~ 100 千克，混加磷酸二氢钾 1 ~ 2 千克。施基肥的时间一般是采果后，结合深翻果园进行最好，但不能施用过早，以免发生二次生长，降低抗性。

（2）追肥

又叫补肥。基肥发挥肥效平稳缓慢，在果树需肥急迫时期必须及时补充肥料，才能满足果树生长发育的需要。追加高产、优质的肥料，既可达到当年壮树效果又给来年生长结果打下基础，是果树生产中不可缺少的施肥环节。

追肥次数和时期与气候、土质、树龄等有关。高温多雨地区肥料易流失，追肥宜少量多次；反之，追肥次数可适当减少。幼树追肥次数宜少，随树龄增长结果量增多，长势减缓，追肥次数也应增多，以调节生长和结果的矛盾。目前生产上对成年结果树一般每年追肥 2～4 次，但需根据果园具体情况，酌情增减。施用时期主要有下面四个。

①花前肥：又叫萌芽肥，在花芽开始萌发时追施，以满足开花坐果和发芽抽梢所需肥料，在生产上被认为是一次十分重要的追肥，施用量比较大，占追肥量（50% 左右）的 30% 左右，以氮为主，结合磷钾肥。一般每株追施尿素100～150 克。

②花后肥：又叫稳果肥，在花谢后追施，以满足幼果和新梢生长所需肥料。此时除幼果迅速长大外，新梢生长也较快，同化作用加强，都需要氮素营养供给。落叶果树注意控制新梢及时停止生长，转入花芽分化，所以氮肥用量要控制好，适当增加磷、钾肥，提高着果率。一般每株追施尿素100～200 克或按1：5 的比例施人畜粪尿30 千克左右。

③壮果肥：又叫夏肥，在幼果停止脱落即核硬化前进行，主要满足果实膨大和秋梢生长的需要，应将氮、磷、钾配合施用，氮肥促进果实增大，磷、钾促进果实发育和提高品质。一般每株施人畜粪尿15～30 千克，过磷酸钙0.5～1千克。

④采前肥：主要针对晚熟品种，用肥种类和数量与"壮果肥"相同；针对早熟品种，在采果后施基肥为好。

幼龄树主要培养树冠，应勤施薄施，初结果树前期梢果矛盾大，要控制氮肥，以防徒长，造成大量落果。

同一肥料元素因施用时期不同而效果不一样。易流失挥发的速效肥或施后易被土壤固定的肥料，如碳酸氢铵、过磷酸钙等宜在果树需肥期稍前施入；迟效性肥料如有机肥料，因腐烂分解后才能被果树吸收利用，故应提前施入。

肥效的发挥与土壤水分含量密切相关。土壤水分亏缺时施肥有害无利，由于肥分浓度过高，果树不能吸收利用而遭毒害。积水或多雨地区肥分易淋洗流失，降低肥料利用率。因此，根据当地土壤水分变化规律或结合排灌进行施肥，才能达到预期的目的。

2. 施肥方式

果树根系分布的深浅和范围大小依果树种类、砧木、树龄、土壤、管理方式、地下水位等而不同。一般幼树的根系分布范围小，施肥可施在树干周边；成年树的根系是从树干周边扩展到树冠外，成同心圆状，因此施肥部位应在树冠投影沿线或树冠下骨干根之间。基肥宜深施，追肥宜浅施。

（1）土壤施肥

即在根系集中分布区施用肥料，主要有：①环状（轮状）施肥：环状沟应开于树冠外缘投影下，施肥量大时沟可挖宽挖深一些。施肥后及时覆土。适于幼树和初结果树，太密植的树不宜用。②放射沟（辐射状）施肥：由树冠下向外开沟，里面一端起自树冠外缘投影下稍内，外面一端延伸到树冠外缘投影以外。沟的条数4～8条，宽与深由肥料多少而定。施肥后覆土。这种施肥方法伤根少，能促进根系吸收，适于成年树，太密植的树也不宜用。第二年施肥时，沟的位置成错开。③全园施肥：先把肥料全园铺撒开，用耧耙与土混合或翻入土中。生草条件下，把肥撒在草上即可。全园施肥后配合灌溉，效率高。这种方法施肥面积大，利于根系吸收，适于成年树、密植树。④猪槽式施肥：在树冠滴水线外围挖2～4个环沟，挖沟地点隔次轮换。⑤条沟施肥：对成行树和矮密果园，沿行间的树冠外围挖沟施肥。此法具有整体性，且适于机械操作。⑥灌溉式施肥：在灌溉水中加入合适浓度的肥料一起注入土壤。此法适合在具有喷滴设施的果园采用，具有肥料利用率高、肥效快、分布均匀、不伤根、节省劳力等优点。

（2）叶面喷肥

又称根外追肥。简单易行，省肥省工，见效快，且不受养分分配中心的影响，可及时满足果树的需要，并可避免某些元素在土壤中产生化学的或生物的固定作用。其方法是，把肥料溶解在水里，配成所需要的浓度，用喷雾器喷在花、叶、枝、果上，迅速满足其对养料的需要。叶面喷肥常用的肥料和浓度是：尿素0.2%～0.3%，碳铵0.4%～0.5%，硼砂0.3%～0.4%，磷酸二氢钾0.2%～0.3%，复合肥0.2%～0.3%。

叶面喷肥在解决急需养分需求的方面最为有效。如：在花期和幼果期喷施氮可提高其坐果率；在果实着色期喷施过磷酸钙可促进着色；在成花期喷施磷酸钾可促进花芽分化等。叶面喷肥在防治缺素症方面也具有独特的效果，特别是硼、镁、锌、铜、锰等元素的叶面喷肥效果最明显。

（3）果园绿肥

凡是用作肥料的植物绿色体均称为绿肥，是一种重要的有机肥源。果园绿肥的主要用法有：翻压（成龄果园）：将种植的绿肥在初花期至花荚期直接翻入土中，使其腐烂作肥。刈割沟埋（幼龄或行距较大的果园）：在树冠外围挖沟，将刈割的绿肥与土分层埋入沟中，覆土后灌 1 次水。覆盖树盘：利用刈割的鲜料覆盖树盘或放在树行间作肥料。沤制：将刈割的鲜料集中于坑中堆沤，然后施入果园。

六、整形修剪

整形是指根据树体的生物学特性以及当地的自然条件、栽培制度和管理技术，在一定的空间范围内形成较大的光合面积并能担负较高产量、便于管理的合理的树体构型。

修剪是指根据生长与结果的需要，用以改善光照条件、调节营养分配、转化枝类组成、促进或控制生长发育的手段。一般来说修剪也包括整形。

整形修剪在果树生产中具有十分重要的意义和作用。一方面能平衡营养生长和生殖生长，使果树生产达到丰产、优质、低耗、高效的栽培目的；另一方面，使幼树形成空间合理的树体骨架，改善树体的通风透光条件，提高负载能力。

（一）果树整形的依据

树种、品种特性：主要根据成枝力与萌发力的强弱、枝条开张角度和枝条的软硬等来整形。干性强的果树成保留领导干，维持从属关系；蔓性果树必须搭架支撑；灌木状果树，一般采用丛状整形。

树龄、树势：幼龄树主要以培养树形为主，成年树则主要需维持生长与结果的平衡；树势强的需缓和树势，树势弱的需增强生长势。

环境条件：土壤、地势、气候等不同，整形不同。如环境条件不利于果树生长，应该采用小冠树形；光照少、多雨、高湿地区，则应采用开心树形；在寒冷地区的果树，应采用匍匐树形，便于埋土防寒；在大风区或山地风口处的果树，则应采用盘状树形，以增强抗风能力。

栽培方式：密植时应采用人工树形（枝条级次低、竹架小、树冠小的树形），控制其营养生长，抑制树冠过大，促进花芽形成，以发挥其早结果和早期丰产的潜力；一般栽培采用自然树形，整形时则需适当增加枝条的级次以及枝条的总数量，以便迅速扩大树冠成花结果。

（二）整形的原则

因势利导，随树作形：要根据树种和品种的不同特性，选用适宜树形。在整形过程中，要坚持"有形不死，无形不乱，随树作形"的整形原则。

少主多侧：在能确保树体骨架的基础上，应尽量少留主枝，多留侧枝及辅养枝，以利于早果丰产。

平衡树势，从属分明：正确处理局部和整体的关系，生长和结果的平衡，主枝和侧枝的从属，以及枝条的着生位置和空间利用等。保持果园内各单株之间的群体长势近于一致。

修剪要轻，冬夏结合：在整形阶段，仅对那些影响骨干枝或层间、层内距的枝、扰乱树形结构的枝实行疏除或重剪，对其他枝条一般采用轻剪或不剪，以增加枝条的级次以及枝条的总数量，便于迅速扩大树冠成花结果。

（三）整形修剪的时间

一般分为冬季修剪和夏季修剪。

冬季修剪：又叫休眠期修剪，简称冬剪，在果树落叶后的冬季至次春萌动前进行。但不同的树种、树龄、树势应区别对待，成树、弱树不宜过早或过晚，一般在严寒过后至来年树液流动前进行，以免消耗养分和削弱树势。冬季修剪的任务是培养骨架，平衡树势，改善通风透光条件，培养结果枝组，调整花叶芽比例，借以减小大小年幅度，稳定树势和产量。

夏季修剪：又叫生长期修剪和绿枝修剪，简称夏剪，包括春、夏、秋三季，但以夏季调节作用最大。夏剪的任务是开张主枝角度，疏除过密枝、竞争枝、缓和辅养枝，控制强旺枝，改善光照条件，提高光合效能，从而调节营养生长和生殖生长的矛盾，减少无效消耗，促进花芽分化。它具有损伤小、效果好、主动性强、缓势作用明显等特点。

（四）整形修剪的方法

果树修剪的基本方法包括短截、缩剪、疏剪，另外有长放、曲枝、刻伤、除萌、疏梢、摘心、剪梢、扭梢、环剥等多种方法。了解不同修剪方法及作用特点，是正确采用修剪技术的前提。

短截：又叫短剪，就是剪去一年生枝的一段，根据短截程度的长短又分为轻短截、中短截、重短截。短剪的主要作用是促进营养生长。促进程度与短剪程度成正相关。因此短剪的运用主要取决于品种、树龄、树势及环境条件和管理等。

回缩：又叫缩剪，即在多年生枝上有分枝的地方短截，能起到复壮后部、调节光照的作用。

疏剪：又叫疏枝，就是将枝条从基部连根剪除，不能留橛的修剪方法，是一种削弱、减少枝量的修剪方法。

甩放：又叫缓放、长放。就是对一年生枝条不疏不截，多用于长势中庸的枝条。长放可使枝条生长势缓和下来，枝上萌发若干中、短枝，极易形成花芽而结果。

曲枝：又叫弯枝，用弯曲方法改变枝条的生长方向和姿态，使之合理利用空间和抑制顶端优势，促其形成花芽，以利结果。

除萌和疏梢：芽萌发后抹除或剪去嫩芽为除萌或抹芽；疏除过密新梢为疏梢。其作用是选优去劣，除密留稀，节约养分，改善光照，提高留用枝梢质量。如柑橘等类果树的芽具有早熟性，一年内能发生几次梢，可采用除萌疏梢的方法培养健壮整齐的结果母枝。葡萄可通过抹除夏芽副梢，逼冬芽萌发而一年内多次开花结果。

摘心和剪梢：在新梢尚未木质化之前，摘除幼嫩的梢尖即摘心；剪梢是在新梢已木质化后，剪去新梢的一部分。摘心和剪梢可以削弱顶端生长，萌发二次枝，增加分枝数；促进枝组与花芽形成。如苹果幼树时对长到15～20厘米的直立枝、竞争枝摘心，以后可连续摘2～3次，从而能提高分枝级数，促进花芽形成，有利提早结果，提高坐果率。葡萄花前或花期摘心，可显著提高坐果率，促进枝芽充实。秋季对将要停长的新梢摘心，可促进枝芽充实，有利越冬。

扭梢：在新梢基部处于半木质化时，从新梢基部扭转180°，使木质部和韧皮部受伤而不折断，新梢呈扭曲状态。扭梢后枝梢淀粉积累增加，全氮含量减少，有促进花芽形成的作用。

环剥（环割）：一般在花芽生理分化期进行，有助于抑制营养生长、促进花芽分化、提高坐果率。环剥的宽度一般为被剥枝干直径的 1/10 ~ 1/8。

七、花果管理

花果管理，是指直接对花和果实进行管理的技术措施。其内容包括生长期中的花、果管理技术和果实采收及采后处理技术。采用适宜的花果管理措施，是果树连年丰产、稳产、优质的保证。

（一）保花保果

坐果率是产量构成的重要因子。提高坐果率，尤其是在花量少的年份提高坐果率，使有限的花得到充分的利用，在保证果树丰产稳产上具有极其重要的意义。提高坐果率的措施主要包括：

搞好果园管理，多留花芽：营养是果树生长的物质基础，储藏养分可以提高花芽质量，促进花器和幼果的正常发育，提高坐果率。对花芽少的"小年"树和强旺树，要尽量保留花芽、花朵和幼芽果，使其多结果、多稳果、结大果，以提高产量。

花期环剥、喷肥和使用调节剂：在初花期进行环剥可提高坐果率，增进果实品质，在盛花期对花朵喷一次 200 ~ 250 倍的硼砂加蜂蜜或糖水（硼是果树不可缺少的微量元素），能提高坐果率。幼果期喷 2，4-D、赤霉素、硼酸、钼酸钠等药剂，可改善花和幼果营养状况，提高坐果率。

预防花期冻害：在花期和幼果期要预防"倒春寒"和晚霜冻害，以减轻灾害。

防止幼果脱落，控制新梢生长：由于新梢的旺长期和幼果的膨大期几乎处于同一时期，因此在新梢长到一定长度时要摘心，防止幼果脱落。

防止采前落果：采果前生长素缺乏会导致果实脱落，应在果面和果柄上喷生长促进剂防止其脱落。

（二）疏花疏果

疏花疏果指人为地去掉过多的花或果实，使树体保持合理负载量的栽培技术措施。疏花疏果具有提高坐果率、克服大小年、提高品质、保持树体健壮等作用。理论上讲，疏花疏果进行得越早，节约储存养分就越多，对树体及果实生长也越有利。但在实际生产中，应根据花量、气候、树种、品种及疏除方法等具体情况来确定疏除时期，以保证足够的坐果为原则，适时进行疏花疏果。通常生产上疏花疏果可进行 3 ~ 4 次，最终实现保留合适的树体负载量。结合冬剪及春季花前复剪，疏除一部分花序，开花时疏花，坐果后进行 1 ~ 2 次疏果可减轻树体负载量。疏花疏果分为人工疏花疏果和化学疏花疏果两种。人工疏花疏果是目前生产上常用的方法。优点是能够准确掌握疏除程度，选择性强，留果均匀，可调整果实分布。化学疏花疏果是在花期或幼果期喷洒化学疏除剂，使一部分花或幼果不能结实而脱落的方法。进而可分为化学疏花和化学疏果。化学疏花是在花期喷洒化学疏除剂，使一部分花不能结实而脱落的方法，常用药剂有二硝基邻甲苯酚及其盐类、石硫合剂等。化学疏果是在幼果期喷洒疏果剂，使一部分幼果脱落的疏果方法。化学疏果省时省工，成本低，但药效影响因素较多，难以达到稳定的疏除效果，一般配合人工疏果，常用药剂有西维因、萘乙酸和萘乙酰胺、敌百虫、乙烯利等。

（三）果形调控与果穗整形

果实的形状和大小是重要的外观品质，它直接影响果实的商品价值。不同品种，有其特殊的形状，如鸭梨在果梗处有"鸭头状突起"。有些果树如葡萄、枇杷等，其果穗的大小、形状，果粒大小、整齐度等也各有不同。果形除取决于品种自身的遗传性外，还受砧木、气候、果实着生位置和树体营养状况等因素影响。相同的品种，嫁接在生长势强的砧木上，比在生长势弱的砧木上所结的果实果形指数大。春末夏初冷凉气候条件有利于果形指数的增加。鸭梨花序基部序位的果实，具有典型鸭梨果形的果实比例较高，随着序位的增加，其比例降低。因此，在疏花疏果时，鸭梨应尽量保留下垂果。凡是能够增加树体营养的措施，特别是增加储藏养分水平的措施，都有利于果实果形指数的提高。果穗整形是一项较费劳动时间的管理措施。但针对目前中国农户果园面积小，劳力充足，劳动力费用较低的具体情况来说，它对于增加果品生产的经济收益，效果非常明显。葡萄巨峰系大粒品种的果穗整形主要通过疏序（或疏穗）、整穗和疏粒三个步骤来完成。

（四）改善果实色泽

果实的着色程度，是外观品质的又一重要指标，它关系到果实的商品价值。果实着色状况受多种因素的影响，如品种、光照、温度、施肥状况、树体营养状况等。在生产实际中，要根据具体情况，对果实色素发育加以调控。改善树体光照条件：光是影响果实红色发育的重要因素。要改善果实的着色状况，首先要有一个合理的树体结构，保证树冠内部分的充足光照。果实套袋：套袋除可防止果实病虫害外，在成熟前摘袋，还可促进果实的着色。摘叶和转果：目的是使果实全面着色。摘叶一般分几次进行，套袋果在除外袋的同时进行第一次摘叶，非套袋果在采收前 30 ～ 40 天开始，此次摘叶主要是摘掉贴在果实上或紧靠果实的叶片，数天后再进行第二次摘叶。第二次主要是摘除遮挡果实着光的叶片。转果在果实成熟过程中应进行数次，以实现果实全面均匀着色。方法是轻轻转动果实，使原来的阴面转向阳面，转动时动作要轻，以免果实脱落。为防止果实回转，可将果实依靠在枝杈处。对于无处可依又极易回转的果实，可用橡皮筋拉在小枝之间，然后，把果实靠在橡皮筋上，也可用透明胶带固定。树下铺反光膜：树下铺反光膜，可显著地改善树冠内部和果实下部的光照条件，生产全红果实。铺反光膜一定要和摘叶结合使用，在果实进入着色期开始铺膜。应用植物生长调节剂：目前生产上已应用的主要有乙烯利等，如苹果、葡萄等在成熟前喷施乙烯利 200 ～ 1000 毫克 / 升，可明显促进果实的着色；大久保桃在硬核期喷施比久1500 毫克 / 升，可提前 3 ～ 5 天着色。

（五）提高果面洁净度

除果实着色状况外，果面的洁净度也是影响果实外观品质的重要指标。在生产中，因农药、气候、降雨、病虫危害、机械伤等原因，常造成果面出现裂口、锈斑、煤烟黑、果皮粗糙等现象，多发的年份会严重影响果实的商品价值，造成经济效益下降。目前在生产上能够提高果实洁净度的措施主要有：果实套袋、合理使用农药、防止果面病虫害及使用植物生长调节剂等。

（六）果实采收及采后处理

采收是果园生产的最后工作，同时又是果品储藏的开始，因此采收起到承上启下的作用，是果树生产的重要环节。采收期的早晚对果实的产量、品质及耐储性都有很大影响。采收过早，果实个小，着色差，可溶性固体含量低，储藏过程中易发生皱皮萎缩；采收过晚，果实硬度下降，储藏性能降低，树体养分损失大。采收期的确定除要考虑果实的成熟度外，更重要的是要根据果实的具体用途和市场情况来确定。如：不耐储运的鲜食果应适当早采，在当地销售的果实要等到接近食用成熟度时再采收。如果市场价格高，经济效益好，应及时采收应市。相反，以食用种子为主的干果及酿造用果，应适当晚采，使果实充分成熟。果实的采后处理主要包括：

清洗消毒：即清洗果面上的尘土、残留农药、病虫污垢等。常用的清洗剂有稀盐酸、高锰酸钾、氯化钠、硼酸等的水溶液，有时可在无机清洗剂中加入少量的肥皂液或石油。清洗剂应满足以下条件：可溶于水，具有广谱性，对果实无药害且不影响果实风味，对人体无害并在果实中无残留，对环境无污染，价格低廉。

涂蜡：可增加果实的光泽，减少在储运过程中果实的水分损失，防止病害的侵入。主要成分是天然或合成的树脂类物质，并在其中加入一些杀菌剂和植物生长调节剂。

分级：果实在包装前要根据国家规定的销售分级标准或市场要求进行挑选和分级。同时，在分级时应剔除病虫果和机械伤果，减少在储运中病菌的传播和果实的损失。

包装：包装可减少果实在运输、储藏、销售中由于摩擦、挤压、碰撞等造成的果实伤害，使果实易搬运、码放。我国过去的包装材料主要采用筐篓，目前主要为纸箱、木箱、塑料箱等。

PART 03

第三章
果树病虫害特征与防治

第一节　果树害虫侵害影响

果树在生长发育过程中及果品收获后的储藏期间，常会遭受到多种不利因子的侵害，使产量降低，品质变劣。在这些不利因子中，有害昆虫是其中最重要的因素之一。

一、昆虫与人类的关系

昆虫与我们的生活息息相关，我们在经济、仿生、建筑、工业、医药、农林等许多领域与各类昆虫有着密切的联系。

（一）昆虫对人类的益处

一般来说，昆虫能够直接或间接地被人类所利用并带来经济效益。如蜜蜂可以酿蜜，冬虫夏草可以入药，蚕可以吐丝，黄粉虫可以作为饲料，而蝴蝶、蝈蝈、蟋蟀等可以供观赏，等等。概括起来有以下几方面：

（1）传粉昆虫

传粉昆虫指具有访花行为的昆虫。我们栽植的大多数果树，许多观赏花卉、各种蔬菜以及大田作物，都要靠昆虫来传粉。给植物传粉的昆虫有几千种。直到最近，野生的传粉昆虫仍然能够满足粮食作物传粉的需要。

（2）天敌昆虫

天敌昆虫指能够捕食或寄生害虫的昆虫，如七星瓢虫、螳螂、赤眼蜂、姬蜂、茧蜂、草蛉、食蚜蝇、寄蝇等。美国、英国、荷兰等国可工厂化生产出售天敌昆虫约四十种，我国采用柞蚕卵或人工卵工厂化生产出售的赤眼蜂、平腹小蜂，可用于防治玉米螟、水稻螟虫、松毛虫等。

（3）工业原料昆虫

工业原料昆虫指昆虫本身或者其产物可以作为工业原料的昆虫。一是绢丝昆虫，如家蚕、柞蚕、天蚕、蓖麻蚕等。这些昆虫能吐丝结茧，为人类所利用；二是产蜡昆虫，如白蜡虫。白蜡虫寄生在白蜡树和女贞树等木犀科植物上，雄虫在生长过程分泌白色的蜡质，经加工成为白蜡。白蜡是一种天然高分子化合物，具有密封、防潮、防锈、润滑等多种用途，是军工、电工、纺织、造纸、医药、食品等行业的重要原料；三是产胶昆虫，如紫胶虫。紫胶虫寄生在黄檀、大叶千斤拔、木豆等植物枝干，雌虫生长过程分泌出胶质，主要成分为紫胶树脂，具有绝缘、防潮、防锈、防腐、黏合等特性。又如五倍子。五倍子是五倍子蚜虫寄生在漆树科的盐肤木、红鼓杨等植物复叶上形成的虫瘿，富含单宁，是制革、印染、金属防蚀、稀有金属提取、医药、食品等行业的常用原料。

（4）药用昆虫

药用昆虫指具有药用价值的昆虫。我国已知具有药用价值的昆虫有三百多种，目前可加以利用的只有四十多种。如冬虫夏草、蛹虫草、僵蚕、雄蚕蛾、蜜蜂、胡蜂及一些蝶类等。药用昆虫已在有效成分提取、药理、临床试验等方面取得很大的进展，对某些疑难病症的治疗，特别是癌症等重病的治疗方面也将取得突破性的进展。

（5）食用和饲用昆虫

有些昆虫是其他昆虫和动物，如鸟类、鱼类、哺乳动物、两栖动物和爬行动物的重要食物来源。人类食用昆虫已有数千年的历史，对世界上的许多人来说，昆虫是蛋白质和脂肪的重要来源。许多昆虫如家蝇的蛹、幼虫，白蚁和蝗虫是富有蛋白质、脂肪和维生素的食物资源。摇蚊、蜉蝣、石蝇及石蛾的幼虫和成虫，是淡水鱼类的重要食物来源。

（6）观赏昆虫

观赏昆虫指可供人们欣赏和取悦的昆虫。昆虫由于其特定的数量、种类、变异和行为方式，具有不可估量的美学价值。昆虫为人类提供美感和审美享受已数千年。许多人对蝴蝶、甲虫等多种昆虫的天然美都由衷地赞叹。蝴蝶、其他色彩艳丽的昆虫，已经为收藏家、教育家、博物学家和艺术家公认为有趣的昆虫，被专家们收集起来制成标本并用来达到教育目的或应用于其他行业。

（7）环保昆虫

昆虫中有许多种类对于加速地表有机物的分解和物质循环、净化地球环境、增加土壤肥力，起着重要作用。其中腐食性昆虫、粪食性昆虫、尸食性昆虫，是地表的"清洁工"。这类昆虫以动植物遗体和排泄物为食，其活动加速了微生物的分解作用，促进地表物质循环。

（8）实验昆虫

实验昆虫指专门被用于科学研究的昆虫。昆虫具有易于饲养、生活史短、价廉易得等优点，是生物学、生态学、仿生学、环境监测、军事高科技等多种学科领域非常理想的科研材料。如果蝇被用于研究染色体和遗传学，吸血蝽象被用来研究唾液腺，蜻蜓和蝗虫被用来研究仿生学等。

（二）昆虫对人类的害处

害虫危害人类，对人类危害所涉及的面很广，与人类的衣食住行、农林牧业、工农商学和经济建设的各行各业及人类的生命财产安全息息相关。

1. 农林害虫

在人类栽培的植物中，无一不受害虫的为害。如苹果、梨树都有三百余种害虫，它们的根、枝、干、叶、花、果无一幸免。由于害虫危害而绝产、毁园之事屡见不鲜。我国农作物每年因病虫危害使粮食损失为 10% ~ 15%，棉花损失为 20% 左右，蔬菜、水果损失高达 20% ~ 30%。无疑这些害虫与人类争夺食物资源，并成为人类的一大灾害。

昆虫除直接危害植物以外，还能够传播植物病害，间接地对植物造成损失。植物的真菌、细菌和病毒病害的传播都是靠昆虫为媒介，导致病害大流行的。这些害虫传毒给生产上造成的损失，远比虫害本身要大得多。树木也是昆虫的危害对象，各种小蠹虫、天牛、木蠹蛾、透翅蛾等蛀干害虫造成大量树木干枯，使树木失去经济价值，被称为"无烟的火灾"。白蚁在我国南方危害建筑物、桥梁、枕木、家具、木材等，损失极大。

2. 卫生害虫

昆虫与人畜的健康关系也十分密切。昆虫对人畜的直接危害包括直接取食、蜇刺和骚扰、恐吓等方面。蚊子、跳蚤、虱子、牛虻、刺蝇等是人、畜体外寄生的吸血害虫。如寄生在马胃肠中的马胃蝇幼虫和寄生在牛背部皮下的牛瘤绳幼虫，都属于动物的内寄生虫。除直接危害外，这些害虫更重要的是能够传播疾病，威胁人、畜的生命。据估计，人的传染性疾病约有 2/3 是以昆虫为媒介的，如鼠疫、斑疹伤寒、疟疾、黄热病、睡眠病等都是虫传病害。据历史记载，14 世纪鼠疫在欧洲大流行，使 2500 万人死亡，如马的脑炎、鸡的同归热、牛马的锥虫病、犬的丝虫病等都是由各种吸血昆虫及其他节肢动物（蜱类）传带的。

二、昆虫的形态特征

（一）昆虫的基本特征

昆虫体躯的若干环节明显地分段集中，构成头部、胸部、腹部 3 个体段。头部具有 1 对触角、口器，通常还具有复眼或单眼，是昆虫感觉和取食的中心；胸部由 3 个体节组成，生有 3 对足，一般还有 2 对翅，是昆虫运动的中心；腹部通常由 9 ~ 11 个体节组成，内含大部分内脏和生殖系统，腹末多数具有转化成外生殖器的附肢，是昆虫生殖和代谢的中心。

（二）与昆虫相近纲的基本特征

蛛形纲：体躯分为头胸部和腹部两个体段。头部不明显，无触角和复眼；具 4 对行动足，常见的如蜘蛛、蝎子、螨等。

甲壳纲：体躯分为头胸部和腹部两个体段。有 2 对触角；至少有 5 对行动足，附肢大多为 2 支式，常见的如虾、蟹和鼠妇等。

唇足纲：体躯分为头部和胴部（胸部加腹部）两个体段。有 1 对触角；每一体节有 1 对足，第 1 对足特化成颚状的毒爪，常见的如蜈蚣、钱串子等。

重足纲：与唇足纲颇为相似，故也有将此纲与唇足纲合称为多足纲的。与唇足纲的主要区别是，其体节除前部 3 ~ 4 节及末端 1 ~ 2 节外，其余各节均由 2 节合并而成，所以多数体节具 2 对行动足，常见的如马陆等。

综合纲：本纲也与唇足纲相似，但第 1 对足不特化成颚状的毒爪，生殖孔位于体躯的第 4 节上。此外，每一体节上通常还有 1 对刺突和 1 对能翻缩的泡。该纲种类很少，最常见的如幺蚰等。

（三）昆虫的取食方式和危害状

各种果树害虫危害果树，可以表现出各种各样的症状，这是由于各种害虫的口器构造不同和取食方式各有差异所造成的。危害状是识别害虫的重要依据之一。

食心虫、卷叶虫、尺蠖等的幼虫和天牛、吉丁虫、金龟子、象鼻虫的幼虫和成虫，它们危害的共同特点是使受害部位破损。这是由于其口器的主要部分上腭、下颚的切、磨、刮作用造成的，这种口器是咀嚼式口器。由于危害方式的不同，又可造成不同的危害状。例如，铜绿金龟子把叶片咬得残缺不全；卷叶虫、梨星毛虫则把叶片卷起或结成苞，在里面危害；食心虫从果面上钻洞，进入果实里面危害；潜叶蛾则钻在叶片两层表皮之间，取食叶肉。

介壳虫、蚜虫、叶蝉和蝽象等，一般不会使植物造成残缺、破损，但使叶片形成细小的褪绿斑点，有时随着植物的生长而引起各种畸形。这是由于它们口器的主要部分上腭和下颚特化成针状的口针，刺在植物组织里，吸取植物汁液造成的，这种口器叫做刺吸式口器。如由蚜虫刺吸为害后形成的各种卷叶；蝽类刺吸果实，使受害部位出现凹陷不平等症状。

吸果夜蛾类，它们的口器不取食时，像钟表发条一样，蜷曲在头的下方；取食时，伸出口器，刺入即将成熟的果树吸取果汁，这种口器叫做虹吸式口器。受害部位的果肉失水呈海绵状。

在选择农药进行防治时，一般刺吸式口器的昆虫用内吸性能强的药剂，在未造成卷叶之前也可用触杀剂，而不能用胃毒剂。而咀嚼式口器的昆虫则可用胃毒剂和触杀剂，一些卷叶危害的昆虫还可用兼有熏蒸特性的药剂，而不能用内吸药剂。

三、昆虫的生物学特性

昆虫生物学是研究昆虫生殖、胚胎发育和胚后发育过程中生命现象及其规律的科学，其研究成果可以为害虫防治和益虫利用提供理论依据。

（一）昆虫的生殖方式

（1）两性生殖

两性生殖即须经过雌雄两性交配，雌性个体产生的卵子受精之后，方能正常发育成新个体。两性生殖与其他各种生殖方式在本质上的区别是，卵通常必须接受了精子以后，卵核才能进行成熟分裂；而雄虫在排精时，精子已经是进行过减数分裂的单倍体生殖细胞。这种生殖方式在昆虫纲中极为常见，为绝大多数昆虫所具有。

（2）孤雌生殖

不经两性交配即产生新个体，或虽经两性交配，但其卵未受精，产下的不受精卵仍能发育为新个体。

（3）多胚生殖

一个受精卵细胞产生两个以上胚胎的生殖方式，如小蜂。

（4）卵胎生

多数昆虫的生殖方式均为卵生，即雌虫将卵产出体外，进行胚胎发育。但有些昆虫的卵在母体内发育成熟并孵化，产出来的不是卵而是幼体，形式上近似于高等动物的胎生，但胚胎发育所需营养是由卵供给，并非来自母体，也无子宫和胎盘之区别，所以又称为假胎生。如介壳虫、蓟马、麻蝇科和寄蝇科的一些种类。

（5）幼体生殖

属幼体期的孤雌生殖，幼虫体内生殖细胞提前发育成后代幼虫，新幼体在母体内孵化后取食母体，经若干世代后幼体生殖停止，幼虫化蛹，羽化为两性个体，再行两性生殖，在瘿蚊科常见。

（二）昆虫的变态

变态是指昆虫在胚后发育中，从幼虫到成虫不但体积增大，还要经过外部形态、内部器官构造以及生活习性上的一系列变化。变态过程是由激素控制完成的。昆虫种类繁多，通过漫长的演化过程，其变态亦表现出多样性。

完全变态：经卵、幼虫、蛹、成虫四个阶段，幼虫与成虫在外部形态、内部构造、生活习性上均不一样。

不完全变态：经卵、幼虫、成虫三个时期，可分为三种类型。

渐变态：幼虫与成虫形态相似、生活习性相同，仅性未成熟，翅呈翅芽状，幼虫称若虫，如蝗虫。

半变态：幼虫与成虫形态不相似，生活环境、习性也不相同，一般幼虫水生，成虫陆生，幼虫称稚虫，如蜻蜓。

过渐变态：似渐变态，有不食不动的类蛹期，过渡类型。如同翅目的粉虱、雄蚧虫。

（三）昆虫各虫态的特点

1.卵

卵是个体发育中的第一个虫态。卵的形态多样，常见的有肾形、球形、椭圆形。卵的大小各异，多在 0.2 ~ 2 毫米。产卵方式因种类而异，有散产，有成堆的卵块，也有以卵鞘的形式产出。卵期的长短与种类及环境因素有关，短者1 ~ 2 天，如蚊、蝇等；越冬卵则长达几个月。一般的化学药剂难以穿透卵壳，成虫产卵也往往具有各种保护习性，所以卵期进行药剂防治效果较差。但是，掌握了害虫的产卵习性，可结合农事操作，如摘除卵块等进行防治。

2.幼虫

幼虫是虫体生长的主要时期，在幼虫期通常要经过 4 ~ 5 次蜕皮，前后两次蜕皮之间所经历的时间叫龄期。各龄期的长短因种类及环境因素而异。幼虫期主要完成生长发育所需的营养积累。对农业害虫来讲，幼虫期是主要危害时期，是害虫防治的重点时期。初孵幼虫形体小、体壁薄，常群集取食，对药剂抵抗力弱。随着虫龄的增大，食量逐渐增大，一般四龄后进入暴食期，危害加剧，抗药性也增强。因此，药剂防治幼虫的关键时期是在三龄之前。

广义的幼虫包括不全变态类的若虫、稚虫和全变态的幼虫。全变态昆虫幼虫按足的发育情况可分为以下类型：

（1）原足型

有些寄生蜂幼虫在胚胎发育早期孵化，头胸部及附肢仅是几个突起，腹部尚未分节，不能独立生活，靠卵黄或寄主体液生活，如寄生蜂的低龄幼虫。

（2）多足型

除了3对足外，还有2~5对腹足，如蛾蝶类幼虫。

（3）寡足型

只有胸足，无腹足，根据胸足的发达程度及体型又分为蚋式、蛴螬式和蠕虫式，如金龟甲的幼虫蛴螬、叩头虫的幼虫金针虫等。

（4）无足式

无胸足及腹足，按其头的发育程度分显头式、半头式和无头式，如蝇类、天牛的幼虫等。

3. 蛹

全变态昆虫由幼虫转变为成虫必须经历一个不动不食的虫态，这称之为蛹。许多昆虫，以蛹越冬度过不良环境。蛹可以分为三类：

（1）离蛹（裸蛹）。口器、触角、足及翅不紧紧贴附在蛹体上，可活动，如蜂类的蛹。

（2）被蛹。口器、触角、足及翅紧紧贴附在蛹体上，不能活动，如蛾蝶类的蛹。

（3）围蛹。三四龄幼虫蜕下的皮叠加在一起形成"蛹壳"，把蛹围在其中，蛹体本身属离蛹，如蝇类的蛹。

蛹是一个表面静止、内部进行着剧烈代谢活动的虫态，抗逆能力差，对环境要求比较严格。幼虫老熟以后，停止取食并开始寻找安全的化蛹场所，如树皮下、枯枝落叶中、土壤中等。有些昆虫还需吐丝结茧，之后静止不动。因此，根据害虫的化蛹习性，采取清洁田园、刮树皮、耕翻晒垡、灌水等措施，对很多害虫也能收到较好的防治效果。

4. 成虫

（1）昆虫的成虫期是昆虫发育的最后一个阶段，也是昆虫的生殖时期，包括羽化、交尾、产卵。①羽化：完全变态的昆虫蜕去蛹壳或不完全变态的昆虫蜕去末龄若虫的皮转化为成虫的过程。②性成熟和补充营养：有的昆虫幼虫期生殖腺已成熟，羽化后即交配产卵，如家蚕。有的成虫期须取食补充营养，生殖腺才能成熟，如桑天牛、金龟子。

（2）昆虫的二型性和多型现象：①雌雄二型：指两性成虫在形态上，甚至在生活习性上的差异，包括生殖器不同，体型、构造、色泽等方面的不同。例如，蝇类的复眼，雄性的大而几乎左右相接，雌性的则较小而明显分离；雄蚊触角呈环毛状，雌蚊则为丝状等。②多型现象：指昆虫不只在雌雄个体上差异，而且在同一性别内形态也分几种类型，如营社会性生活的昆虫，蜜蜂、蚂蚁等。

昆虫的雌、雄成虫数量之比称为性比，雌性比增大，预示下代虫口数量可能会增加，因此了解性比对虫情预测预报十分重要。

（四）昆虫的世代和年生活史

1. 昆虫的世代

一个新个体从离开母体发育到性成熟产生后代止的个体发育史称为一个世代。一个世代通常包括卵、幼虫、蛹及成虫等虫态。世代的长短因种而异，也和环境有关。昆虫一年发生的世代数的多少是由种的遗传性所决定的。一年发生一代的昆虫，称为一化性昆虫，如大豆食心虫、梨茎蜂、舞毒蛾等。一年发生两代及其以上者，称为多化性昆虫，如棉铃虫一年发生 3 ~ 4 代，棉蚜一年可发生 10 ~ 30 余代。也有些昆虫则需两年或多年完成 1 代，如大黑鳃金龟两年发生 1 代，沟金针虫、华北蝼蛄约 3 年发生 1 代，十七年蝉则需 17 年发生 1 代。在一年多代的昆虫中，由于发生期和产卵期长，在同一时期内，存在前后世代相互重叠、不同虫态并存的现象，称为世代重叠。

2. 昆虫的年生活史

一种昆虫在一年内的发育史或当年的越冬虫态开始活动起到第二年越冬虫态结束的发育经过，称为年生活史。昆虫年生活史包括昆虫的越冬虫态、一年中发生的世代数以及各世代、各虫态的发生时间和历期，主要着眼于一年中昆虫的出没季节、种群数量的季节变化、越冬状况等。研究昆虫年生活史的目的在于弄清昆虫在一年内的发生规律、行为和习性等。对于害虫，可针对其发生过程中的薄弱环节进行防治；对于益虫，则针对其发生过程中的薄弱环节加以保护和利用。

（五）昆虫的习性和行为

1. 昆虫的休眠和滞育

（1）休眠：是由不良环境条件直接引起的，当不良环境条件消除时，便可恢复生长发育。如东亚飞蝗以卵越冬，甜菜夜蛾以蛹越冬等都属于休眠性越冬。休眠性越冬的昆虫耐寒力一般较差。

（2）滞育：是昆虫长期适应不良环境而形成的种的遗传性。在自然情况下，当不良环境到来之前，生理上已经有所准备，即已进入滞育。昆虫的滞育是由体内激素调节控制的，一旦进入滞育必须经过一定的物理或化学的刺激，否则恢复到适宜环境也不进行生长发育。

2. 昆虫的趋性

趋性是指昆虫对外界刺激（如光、温度、湿度和某些化学物质等）所产生的趋向或背向行为活动。趋向活动称为正趋性，负向活动称为负趋性。

昆虫的趋性主要有趋光性、趋化性、趋温性、趋湿性等。

（1）趋光性：指昆虫对光的刺激所产生的趋向或背向活动，趋向光源的反应，称为正趋光性；背向光源的反应，称为负趋光性。不同种类，甚至不同性别和虫态的趋光性不同。多数夜间活动的昆虫，对灯光表现为正的趋性，特别是对黑光灯的趋性尤强。

（2）趋化性：昆虫对一些化学物质的刺激所表现出的反应，其正、负趋化性通常与觅食、求偶、避敌、寻找产卵场所等有关。如一些夜蛾，对糖醋液有正趋性；菜粉蝶喜趋向含有芥子油的十字花科植物上产卵；而菜蛾则不趋向含有香豆素的木犀科植物上产卵，表现为负趋化性。

（3）趋温性、趋湿性：指昆虫对温度或湿度刺激所表现出的定向活动。

3. 昆虫的假死性

假死性是指昆虫受到某种刺激或震动时，身体蜷缩，静止不动，或从停留处跌落下来呈假死状态，稍停片刻即恢复正常而离去的现象。假死性是昆虫逃避敌害的一种适应。如金龟子、象甲、叶甲以及黏虫幼虫等都具有假死性。

4. 昆虫的群集性

同种昆虫的个体大量聚集在一起生活的习性，称为群集性。但各种昆虫群集的方式有所不同，可分为临时性群集和永久性群集两种类型。

（1）临时性群集：指昆虫仅在某一虫态或某一阶段时间内行群集生活，然后分散。如多种瓢虫越冬时，其成虫常群集在一起，当度过寒冬后即行分散生活。

（2）永久性群集：往往出现在昆虫个体的整个生育期，一旦形成群集后，很久不会分散，趋向于群居型生活。如东亚飞蝗卵孵化后，蝗蝻可聚集成群，集体行动或迁移，蝗蝻变成虫后仍不分散，往往成群远距离迁飞。

5. 昆虫的本能

昆虫以一系列非条件反射表现出的复杂的神经活动，可遗传，如：筑巢、结茧。

6. 昆虫活动的昼夜节律

绝大多数昆虫的活动，如交配、取食和飞翔等都与白天和黑夜密切相关，其活动期、休止期常随昼夜的交替而呈现一定节奏的变化规律，这种现象称为昼夜节律。根据昆虫昼夜活动节律，可将昆虫分为三类。

（1）日出性昆虫：如蝶类、蜻蜓、步甲和虎甲等，它们均在白天活动。

（2）夜出性昆虫：如小地老虎等绝大多数蛾类，它们均在夜间活动。

（3）昼夜活动的昆虫：如某些天蛾、大蚕蛾和蚂蚁等，它们白天黑夜均可活动。

7. 昆虫的拟态和保护色

（1）拟态：指一种动物"模拟"其他生物的姿态，得以保护自己的现象。这是动物朝着在自然选择上有利的特性发展的结果。

（2）保护色：指一些昆虫的体色与其周围环境的颜色相似的现象。如栖居于草地上的绿色蚱蜢，其体色或翅色与生境极为相似，不易为敌害发现，利于保护自己。菜粉蝶蛹的颜色也因化蛹场所的背景不同而异，在甘蓝叶上化的蛹常为绿色或黄绿色，而在篱笆或土墙上化蛹时，则多呈褐色。

有些昆虫既有保护色，又有与背景形成鲜明对照的体色，称为警戒色。它更有利于保护自己。如蓝目天蛾，其前翅颜色与树皮相似，后翅颜色鲜明并存类似脊椎动物眼睛的斑纹，当遇到其他动物袭击时，前翅突然展开，露出后翅，将袭击者吓跑。

有些昆虫既有保护色，又能配合自己的体形和环境背景，保护自己。如一些尺蛾幼虫在树枝上栖息时，以末对腹足固定于树枝上，身体斜立，体色和姿态酷似枯枝；竹节虫多数种类形似竹枝；大部分枯叶蛾种类的成虫体色和体形与枯叶极为相似，因而都不易被袭击者所发现。

四、昆虫的主要类群

（一）直翅目

直翅目是昆虫纲中较大的一目，包括蝗虫、蟋蟀、螽斯、蝼蛄等常见昆虫，体大型或中型，咀嚼式口器，前翅狭长且稍硬化，后翅膜质；有些种类短翅，甚至无翅，有的种类飞行力极强，能长距离飞迁，后足强大，适于跳跃。一般为植食性，多为害虫。

（二）半翅目

半翅目通称蝽或蝽象。多数体形宽略扁平。前翅基半部革质，端半部膜质，称为半鞘翅。刺吸式口器，其若虫腹部有臭腺，故有臭虫、放屁虫之名。其中包括许多重要害虫，如危害果树的梨网蝽、茶翅蝽等。有些为益虫，如猎蝽、姬猎蝽、花蝽等，可以捕食蚜、蚧、叶蝉、蓟马、螨类等害虫、害螨。

（三）同翅目

蝉、叶蝉、飞虱、木虱、粉虱、蚜虫及介壳虫等均属此目。多为小型昆虫，刺吸式口器，基部着生于头部的腹面后方，好像出自前足基节之间。具翅种类前后翅均为膜质，静止时呈屋脊状覆于体背上。很多种类的雌虫无翅，介壳虫和蚜虫中常有无翅型。其中包括许多重要害虫，如蚜虫、蚧类、叶蝉类、飞虱类。它们除直接吸食危害外，不少种类还能传播植物病害。

（四）缨翅目

缨翅目通称蓟马，身体微小。一般黄褐或黑色。眼发达。触角较长，锉吸式口器。翅膜质，翅缘具有密而长的缨状缘毛。其中包括许多害虫，如危害果树、蔬菜等作物的桔蓟马、烟蓟马、温室蓟马、葱蓟马等。少数种类捕食蚜、螨等害虫、害螨，如六点蓟马、纹蓟马等。

（五）鞘翅目

鞘翅目是昆虫纲第一大目，有 30 万种以上，占昆虫总数的 40%。通称甲虫，简称甲。一般躯体坚硬，有光泽。头正常，也有向前延伸成喙状的（象鼻虫），末端为咀嚼式口器。前翅角质化，坚硬，称鞘翅，无明显翅脉。其中包括许多重要害虫，如蛴螬类、金针虫类（均属重要地下害虫）；天牛类、吉丁类（均属蛀干类害虫）；叶甲类、象甲类（均属食叶性害虫）以及许多重要的仓库害虫等。此外，还包括许多益虫，如捕食性瓢虫类、步行虫类及虎甲类等。

（六）鳞翅目

鳞翅目是昆虫纲中第二大目。最大特点是翅面上均覆盖着小鳞片，成虫称蛾或蝶，已知有十四万种左右，其中蛾类 90% 多，蝶类不足 10%。虹吸式口器，形成长形而能卷起的喙。其中包括许多重要害虫，如桃小食心虫、苹果小卷叶蛾、棉铃虫、菜粉蝶、小菜蛾，以及许多鳞翅目仓虫，如印度谷螟等。此外，著名的家蚕、柞蚕也属于本目昆虫。

（七）脉翅目

脉翅目常称为蛉。头下口式，咀哺式口器。本目几乎都是益虫，成虫和幼虫几乎都是捕食性，以蚜、蚧、螨、木虱、飞虱、叶蝉以及蚁类、鳞翅类的卵及幼虫等为食；少数水生或寄生。其中最常见的种类是草蛉，其次为褐蛉等。我国常见草蛉有大草蛉、丽草蛉、叶色草蛉、普通草蛉等十多种，有些已经应用在生物防治上。

（八）双翅目

昆虫纲中第四大目。前翅一对，后翅特化为平衡棒，少数无翅。口器刺吸式或舐吸式。足跗节 5 节。蝇类触角具芒状，虻类触角具端刺或末端分亚节，蚊类触角多为线状（8 节以上）。其中包括许多重要卫生害虫和农业害虫，如蚊类、蝇类、牛虻等。此外还包括有食蚜蝇、寄生蝇类等益虫。

（九）膜翅目

它是仅次于鞘翅目、鳞翅目而居第三位的大目。咀嚼式口器。前后翅连接靠翅钩完成。其中除少数为植食性害虫（如叶蜂类、树蜂类等）外，大多数为肉食性益虫（如寄生蜂类、捕食性蜂类及蚁类等）。此外，著名的蜜蜂就属于本目昆虫。

五、昆虫生态和预测预报

昆虫生态学研究昆虫与环境之间的关系，是了解害虫种群动态进行预测预报的基础。

（一）昆虫与环境的关系

1. 非生物因子对昆虫的影响

（1）温度

温度是气象因子中对昆虫影响最显著的一个因子。昆虫的发育进度及世代的多少在极大程度上受外界温度的支配，受温度的影响。

各种昆虫开始生长发育的温度称为发育起点温度，一般为 8℃ ~ 15℃。昆虫因温度过高而生长发育被抑制的温度称高温临界，一般为 35℃ ~ 45℃。在发育起点与高温临界间的温区称适宜温区（或有效区）。在适宜温区范围内，还有对昆虫生长发育和繁殖最为适宜的温度范围称最适温区，一般在 20℃ ~ 30℃之间。昆虫在发育起点温度以下或在高温临界温度以上的一定范围内并不致死亡，常称冷眠或热眠状态，当温度恢复到有效温度范围内时仍可恢复活动。所以发育起点温度之下有一个停育低温区，在停育低温之下则为致死低温；在高温临界之上有一个高温区，如温度再升高，昆虫则死亡，即达致死高温区。

（2）湿度

湿度对昆虫的生长发育，也和温度一样有适宜的和不适宜的范围。刺吸式口器的昆虫，如蚜虫、红蜘蛛等一般是天气干旱时发生量大。湿度对于昆虫成活率的影响较大，昆虫生殖力的大小与湿度关系更为密切。降雨对昆虫的直接影响是机械击落。

（3）光

波长不同显示不同的颜色，昆虫识别颜色的能力与人的视力不同，一般人类可见光波为 7700 ~ 4000 埃，而昆虫的可视区在 7000 ~ 2530 埃。因此它们可以看到人眼看不见的紫外线，利用黑光灯诱虫就是这个道理。光会影响昆虫的活动或行为。如昆虫的日出性和夜出性，趋光性和背光性。夜出性昆虫都在傍晚或夜间活动，它们虽然不能在光下活动，但对于灯光具有不同程度的趋性。白天活动的昆虫，它们的活动程度与天气的阴晴以及云量的多少有密切的关系，如蝶类。而蛾类多于夜间活动。光照时间及其周期性的变化是引起滞育的重要因素。季节周期性影响着昆虫年生活史的循环。

（4）风

风不仅直接影响到昆虫的垂直分布、水平分布以及昆虫在大气层中的活动范围，而且间接影响到气温和湿度。风可帮助昆虫扩大传播。如尺蠖吐丝下垂被风吹到远处；风吹断树木，造成次期性害虫危害。

（5）土壤因子

土壤是昆虫的一个特殊的生态环境。有很多昆虫终生生活在土壤中，如蝼蛄、蟋蟀等。另有很多昆虫一个或几个虫期生活在土中，如金龟子、地老虎的幼虫、蛹。有的在土中产卵，如蝗虫。土温影响昆虫的生长发育和繁殖力。土温在冬季较气温高，因此有些在土中越冬的昆虫可以比较安全地度过冬季最低气温。同时还可扩大向北的分布界限。土壤中的湿度，除近表土层外，一般总是达到饱和状态，因此土壤昆虫不会因土壤湿度过低而死亡。利用此点将土中昆虫的幼虫、蛹等暴露晒死。有些土中越冬昆虫，出土时期和土壤湿度有密切关系，如桃小食心虫。

土壤机械组成主要影响昆虫在土壤中的活动。如蝼蛄喜欢在含砂质较多而湿润的土壤中，尤其是经过耕犁而施有厩肥的松软田地。

土壤酸碱度能够影响昆虫的分布。如金针虫喜欢生活在酸性土壤中，而蝼蛄多发生在盐碱地里。

2. 生物因子对昆虫的影响

食物的质量和数量影响昆虫的分布、生长、发育、存活和繁殖，从而影响种群密度。各种昆虫都有其适宜的食物。昆虫取食嗜食的食物，其发育、生长快，死亡率低，繁殖力高。取食同一种植物的不同器官，对昆虫的发育历期、成活率、性比、繁殖力等都有明显的影响。如棉铃虫饲以玉米雌穗、雄穗和心叶，饲以棉花蕾铃和心叶都表现出较明显的差异。研究食性和食物因素对植食性昆虫的影响，可以预测引进新的作物后，可能发生的害虫优势种类；可以据害虫的食性的最适范围，改进耕作制度和选用抗虫品种等，以创造不利于害虫的生存条件。

昆虫在生长发育过程中，常由于其他生物的捕食或寄生而死亡，这些生物称为昆虫的天敌。昆虫的天敌主要包括致病微生物、天敌昆虫和食虫动物 3 类，它们是影响昆虫种群数量变动的重要因素。

（二）害虫预测预报

害虫的预测预报也就是要预先掌握害虫发生期的迟早，发生量的多少，对植物危害的轻重，以及分布、扩散范围等。害虫的预测预报工作是进行害虫综合防治的必要前提。只有对害虫发生危害的预测预报做得及时、准确，才能正确地拟定综合治理计划，及时采取必要的措施，经济有效地压低害虫的发生数量。

根据测报期限的长短可分为短期测报、中期测报和长期测报。根据预测预报内容来分，可分为发生期预测、发生量预测和分布蔓延预测。

果树害虫的预测预报主要包括两方面的内容：发生期的预测预报和发生量的预测预报。

1. 发生期的预测预报

害虫有各种趋性，例如蛾类害虫有趋光性，利用黑光灯可以诱集它们，根据每天捕捉的虫量，可以预报成虫出现的时期，从而推测成虫产卵的高峰期和幼虫为害时期，为大面积害虫的防治提供依据。梨小食心虫对糖醋液有趋化性，桃小食心虫对性外激素有趋性，我们也可以利用害虫的这些习性，进行诱捕。

利用果树生长的物候期也可以进行预报。果树害虫的发生往往和果树生长发育的不同物候期（如萌芽、展叶、开花、坐果、果实膨大等）有密切的相关性，因此，利用物候期可以预测害虫的发生。如梨芽膨大露绿时，正是梨大食心虫转芽为害的盛期。

2. 发生量的预测预报

根据气候条件的变化，可以预测果树病虫害的发生。如多雨的年份，红蜘蛛的发生较轻，而干旱年份，红蜘蛛发生十分猖獗。通过害虫的分布和密度的调查，了解虫口基数。如山楂红蜘蛛成虫出蛰害芽期，每个花芽有 2 个以上的虫口时，可以发出预报，进行防治。

第二节　果树病虫害防治

一、概念和要求

果树病虫害对果树及果品质量有明显的影响。首先，果实本身常有病害，如苹果轮纹病、炭疽病、梨黑星病等，引起苹果和梨的腐烂；枣缩果病使枣无法食用；还有各种危害果实的害虫，如桃小食心虫和梨小食心虫，危害苹果、梨、桃、杏、李和枣等果实。其次，大量果树病虫害危害树叶，使树叶产生病斑，甚至脱落，如蚜虫、红蜘蛛、卷叶虫及各类毛虫和食叶害虫。果品中的糖分及有机养分的含量，直接来自叶片的光合作用。如果叶片损害，就不能产生品质良好的果实。还有各种病毒病，也对果品质量有严重的不良影响。总之，病虫害不仅影响果树产量，而且严重地影响果品质量。只有健康的果树，才能结出优质的果品。因此，防治病虫害是生产优质果品的重要保证。

所谓综合治理，就是综合运用各种防治病虫害的手段和方法，把病虫害的危害程度压制到最低经济水平上的防治体系。在预防为主、综合治理的方针指导下，以林业技术措施为基础，充分利用生物间相互依存、相互制约的客观规律，因地因时制宜，合理使用生物的、物理的、机械的、化学的防治方法，坚持安全、经济、有效、简易的原则，把病虫害数量控制在经济阈值以下，以达到保护人畜健康、增加生产的目的。

二、果树病虫害综合治理的措施

果树病虫害综合治理的措施可归纳为以下几个方面：人工防治、检疫防治、农业栽培措施防治、生物防治、物理防治和化学防治等。

（一）人工防治

人工防治是一种古老的病虫害防治方法，也是经常采用的有效方法。

人工捕捉：如金龟子在花期啃食花朵和嫩叶，但果树开花期不宜打农药，则可以利用金龟子具有假死性的特点，在清晨摇动树冠，使金龟子落地假死，然后捕捉。如果数量多，可在树下地面铺设塑料薄膜，收集落地金龟子，然后将其消灭或者作为家禽的饲料。

刮树皮：刮树皮可以消灭在老皮中越冬的害虫和病菌。

刨树盘，清扫果园：刨树盘，清扫和深埋果园中的枯枝烂叶，可消灭和减少越冬的病菌和害虫。

消灭越冬害虫：可以利用害虫的越冬习性进行灭杀。例如黄刺蛾，在树杈上结一个有花纹的硬茧越冬，很容易被发现，可用小锤子将茧敲碎，消灭过冬的蛹；天幕毛虫的卵在枝条上排列非常整齐，形成一个"顶针"状圆圈，可在剪枝时剪下，予以集中消灭。

诱杀和阻止害虫上树：树干绑缚草绳或草束，诱集上树害虫，予以杀灭，或绑塑料裙，阻止害虫上树为害。

（二）检疫防治

检疫防治也称法规防治，就是根据国家法令，设立专门机构，采用各种检疫及其他措施，对带有危险性病虫害的商品和物贸，分别采取禁运、就地销售、立即烧毁等强制性措施，使病虫不能传入或传出。国家和地区目前都有植物检疫站，防止病虫害对生产造成重大威胁和外来病虫检疫对象的侵入。各地在引进苗木新品种时，要加强检疫工作，杜绝有根瘤病或带有介壳虫和枝干病害的苗木进入非疫区。

三、栽培控制技术

利用农林业栽培管理及生产技术措施，有目的地改变某些环境因子，避免或减少病虫害的发生。果树是多年生植物，通过合理的肥水管理，平衡营养，使树体健壮，就不容易得病。特别是腐烂病、干腐病等枝干病害，在树体衰弱或修剪伤口太多时，容易发生。所以，优良的农林业技术不仅可以保证果树对生长发育所要求的适宜条件，同时还可以创造和经常保持足以抑制病虫大发生的条件，使病虫的危害降低到最低程度。

苗圃方面：应选择土壤肥沃、疏松和排水良好的圃地育苗。除注意苗木生长方面外，还要注意苗木地下害虫，必要时要进行消毒；选择无病虫种子、插穗、插条、接穗；进行轮作；合理施肥；加强苗木出圃检验，严禁带病虫苗木携出圃外。

选育抗性品种：植物的抗性是植物与各种灾害的长期斗争中逐步发展起来的为保持物种繁衍所必需的特性。可以通过系统选育、杂交育种、辐射育种等方法选育抗性品种。

建园及管理：很多害虫能够交叉为害，最好不要发展混杂果园。例如纯枣和纯杏产区，一般没有桃小食心虫为害。如果是果树混栽区，桃小食心虫第一代先为害杏、桃和苹果等，第二代或第三代再为害苹果和枣树。所以，杂果园无论是早熟的杏还是晚熟的枣，食心虫都非常严重。另外，有些果园和林木不能混种。如苹果锈病病原菌的中间寄主是圆柏，如果苹果和圆柏混种，则锈病无法控制。

合理抚育、清除严重被害木和带病虫枯枝落叶，在果园中刮除翘皮、扫除落叶、摘掉僵果，可大量消灭越冬害虫和减少病害的侵染来源。另外，杂草是病虫害寄生的场所，要及时清除园中杂草或进行果园覆盖，即用10厘米以上厚的秸秆或杂草等有机物，覆盖在树冠下的土壤表面，来抑制杂草生长。加强水肥管理，合理修枝修剪，防止果树超载，增强树势，提高植株抗性。

四、生物防治

生物防治是以有益生物及其代谢产物控制有害生物种群数量的方法。其优点在于对人、畜、植物安全，没有污染，不会引起病虫的再猖獗和抗性；其缺点是成本高，效果慢，有一定局限性，必须与其他的防治方法相结合等。目前，在果园中防治病虫害的生物防治的手段，主要有以下几个方面。

（一）利用天敌

充分利用天敌，是生物防治的重要手段。例如，瓢虫能吃蚜虫，而且也是介壳虫类、红蜘蛛的重要天敌。目前，已有人工养殖后放养的天敌。例如赤眼蜂，可以寄生和消灭鳞翅目一类害虫；各类瓢虫和草蛉，主要控制蚜虫和红蜘蛛等害虫。

（二）利用性引诱剂

利用雌性成虫的性信息素及类似的化合物，通过田间定点摆放，由于有雌性蛾子的特殊气味，可用以引诱雄蛾飞来，将其消灭，使雌蛾不能受精繁殖，从而达到控制害虫的目的。目前生产上已生产出几种性引诱剂。例如，桃小食心虫性诱剂有 A、B 两种，有药的部分称为诱芯，通常以橡胶塞或塑料管作载体。性引诱剂的作用有两个方面：一是用于害虫的预测预报，测报成虫发生始期；二是通过性引诱剂使雌虫失去交配对象而不能繁殖后代。

（三）利用微生物源杀虫、杀菌剂

苏云金杆菌或白僵菌等侵入到昆虫体内后，能使害虫得病而死。可把这些有益的细菌提取出来，在家蚕身上繁殖，形成大量菌体，制成制剂。这类杀虫剂对人体安全，是当前无公害杀虫剂方面利用生物技术防治的一大进展。野杆菌放射菌株 84 防治细菌性根癌病，是世界上有名的生物防治成功的事例，能防治上万种植物的根癌病。中国从 20 世纪 50 年代起研究开发农用抗生素，陆续投产了赤霉素、灭瘟素、春雷霉素、多抗霉素和井冈霉素等品种，其中井冈霉素已成为防治水稻纹枯病首选的安全有效药剂。

（四）利用植物源杀虫剂

植物源杀虫剂类似于中草药，也能杀死害虫。例如，如烟草浸泡液能杀虫，现在已经提取出这类草药的有效成分。此类杀虫剂以胃毒和触杀为主，多不具备内吸传导性。还有的有忌避、拒食作用，喷用后虽然害虫不能被毒杀死，但跑到别处危害其他植物。利用植物杀虫有效成分的提取物，是目前绿色食品 AA 级标准用药，对人、畜、作物及部分天敌类较安全。生产中常用的植物源杀虫剂有苦参碱、烟碱、苦楝油乳剂以及松脂合剂等。

五、物理机械防治

应用简单工具以至近代的光、电、声、热、微波、辐射等物理技术来防治病虫害，统称物理机械防治法。

（一）捕杀

利用人力或简单器械，捕杀有群集性或假死性的害虫。如用木棍、抹布、草把等捕杀小面积的苗圃、幼树或庭园道旁的零散树木、果树上的害虫，害虫聚集阶段效果更好。摘虫叶、虫卵、剪虫枝、振落杀虫、铁钩杀蛀干害虫、刮皮杀越冬害虫、摘虫果、翻土杀土壤害虫等，简单实用。

（二）诱杀

利用害虫的趋性，人为设置其所好，诱集害虫加以消灭。主要包括以下几种：

1. 灯光诱杀

目前，用频振式杀虫灯来诱杀趋光、趋波性害虫的方法在生产中应用较广。近距离时以光诱为主，远距离时以定频波为主来诱杀趋光和趋波性害虫。由于扩大了诱杀范围，因而使用效果良好。另外，利用某些昆虫的趋色性来诱杀昆虫也是比较常用的方法。如白粉虱近年来在温室内特别严重，由于白粉虱有趋黄性，可用黄色的木板或纸板上面涂上黏性强的机油或废机油，挂放在温室内的不同地方，白粉虱就会飞向黄色板，粘在机油上而死亡。

2. 潜所诱杀

人工设置类似栖息环境可以诱集一些害虫，然后杀灭。如束草诱杀、束枝叶诱杀等。

3. 饵木诱杀

许多蛀干害虫如天牛、小蠹虫、象甲，喜在新伐木上产卵繁殖，可用该特征设饵木诱杀。

（三）阻隔

根据害虫的活动习性，人为设置障碍，防止幼虫或不善飞行的成虫扩散、迁移，效果良好，如塑料布阻隔松毛虫越冬后上树。

（四）高温的利用

主要用于种子及木材病虫害。晒种、浸种、烘干木材都有杀虫作用，如晒粮

71

灭虫。高温方法在防治果树病毒病上也很重要。由于很多病毒类微生物在高温下不能生存，因此，可以将苗木进行高温脱毒。脱毒苗可作为无病毒优种苗进行快繁或嫁接繁殖来发展。

用热水处理种子和无性繁殖材料，通称"温汤浸种"，可杀死在种子表面和种子内部潜伏的病原物。热蒸汽可用于温室和苗床的土壤处理。通常用80℃～95℃蒸汽处理土壤30～60分钟，可杀死绝大部分病原菌。

微波炉已广泛用于植物检疫，处理旅客携带或邮寄的少量种子和农产品。

（五）外科治疗

对于多年生的果树，外科手术是治疗枝干病害的一种手段。如治疗苹果树腐烂病，可以直接用快刀将病组织刮干净，然后及时涂药。当病斑环绕树干时，可采用桥接的方法挽救病树。刮除枝干病斑可减轻果实轮纹病的发生，环剥枝干可减轻枣疯病的发生。

（六）辐射处理

一定剂量的射线可以抑制或杀灭病原物。该方法主要用于水果和蔬菜的储藏。

六、化学防治

在现有的病虫害防治方法中，化学防治是应用最广、见效最快、经济效益较高的一种防治方法。在病虫害严重发生时，用其他方法难以控制，急需在大范围内快速予以消灭。在这种情况下，可采用化学药剂防治。化学防治应遵循"安全、经济、有效、简便"的原则。安全，是指对人、畜安全，防止对树木造成药害和引起病虫抗病性，有利于保护天敌、环境和避免公害；经济，是指掌握防治指标，适期用药，不滥用农药，降低防治成本；有效，是指将病虫控制在经济允许受害水平以下，确保果树健康生长发育和丰产丰收；简便，是指施药方法简便易行、易于操作。在实际操作时，要注意以下几点：

（一）根据病虫发生特点，合理选药

采用化学防治手段，应根据果树的生长发育和病、虫为害的特点，选择相应

的农药品种、剂型和施药方法。如在防治蚜虫、叶螨类害虫时，应针对其刺吸式口器的取食特点，选用内吸性杀虫剂；蛴螬、金针虫等潜伏土壤中啃食种子和危害幼苗，应采取药剂拌种或土壤处理的方法；防治植物根部病害，一般采用土壤处理的方法。

（二）加强病虫测报，搞好"两查三定"

化学防治首先应搞好预测预报，研究制订防治指标，实行"两查三定"科学防治。其具体内容是：查病虫与有益生物的数量，定防治地块；查病虫与有益生物的发育进程，定防治时期；根据当时当地的具体情况，定防治措施。要尽量压缩施药面积，减少用药次数和用药量，坚决杜绝滥用农药的现象，以降低防治成本，避免环境污染，保护和充分发挥自然天敌的控害作用。

（三）高效低毒农药的选用

化学防治应争取实现农药品种、剂型的多样化，选用高效、低毒、低残留、经济、安全的农药新品种和新剂型，特别注重昆虫生长调节剂、微生物制剂和植物性杀虫、杀菌剂的研究与开发应用。注意有计划进行农药品种的交替、轮换和混合使用，发挥增效、兼治和延缓抗药性的作用；同时，还要注意使用具有选择性的农药品种和采用隐蔽性、局部性施药方式，以最大限度地降低公害和保护自然天敌。

以上病虫害防治的方法，并不是孤立应用，在很多情况下，需要结合应用。

PART 04

第四章
蔬菜病虫害防治技术

第一节　蔬菜病虫害综合防治

目前蔬菜常发病虫超过 100 余种，其中，常年发生的害虫有 50 多种，受害的蔬菜品种广泛，其中以十字花科蔬菜受害最严重。主要的害虫有小菜蛾、菜青虫、甜菜夜蛾、斜纹夜蛾、黄曲条跳甲、斑潜蝇（主要有美洲斑潜蝇和南美斑潜蝇）和蚜虫（主要有桃蚜、萝卜蚜）等。常年发生的病害有 40 多种，受害的蔬菜广泛。其中较严重的有：白菜类的软腐病、病毒病、霜霉病、地下线虫；瓜类的霜霉病、炭疽病、疫病、枯萎病；豆类的白粉病、锈病、枯萎病、病毒病；茄果类的早疫病、晚疫病、青枯病、疫病、灰霉病和病毒病等。

近年来，随着无公害蔬菜生产的发展，如何在栽培过程中减少病虫害的发生与危害、尽量不用药或少用药、生产出无农药残留或低农药残留的蔬菜产品已成为人们普遍关注的问题。在无公害蔬菜生长过程中，病虫害的防治应坚持"以农业防治为基础，优先采用生物防治，协调利用物理防治，科学合理应用化学防治"的综合防治措施，把蔬菜病虫危害损失降到最低，达到优质、高产、高效、无害的目的。坚持预防为主、综合防治是因为：病害的发生、流行都有一个由少到多，由局部至全面，由轻到重的发展过程，重视预防就可以收到事半功倍的效果。从生理和病理特点看，蔬菜等作物与人和动物不同，植物没有中枢神经系统、循环和淋巴系统，发病后几乎不能治疗。蔬菜等作物个体的经济价值较低、治疗办法少或成本高，难于采用。蔬菜病虫害的综合防治要树立几个观点：综合的、全局的观点，各种防治措施都有一定的优点，但也有一定的缺点或局限性，因此应从全局出发，相互取长补短、综合运用。经济观点，从当前和长远的经济效益考虑，不能要求消灭病虫害，而是以把病虫害控制在不造成严重的经济损失为原则。生态观点，防治病虫害的一切措施要为蔬菜的生长发育创造一个优良的条件，对病虫形成一个不利其繁殖、传播、侵染和生长的条件，并控制这种生态条件达到相对稳定。安全观点，要求所有防治措施对人、畜、农作物及有益生物保证安全，不污染环境、不留下残毒，以取得最大的环境效益和社会效益。

一、强化农业防治

（一）选用抗（耐）病虫品种，适时播种

针对当地主要病虫害发生情况，因地制宜选用抗性强的农药及硝酸盐富集能力较低的品种，合理选择适宜的播种期，可以避开某些病虫害的发生、传播和为害盛期，减轻病虫危害，如大白菜播种过早，往往导致霜霉病、软腐病、病毒病、白斑病发生较重，而适时播种既能减轻病虫危害，又能避免迟播造成的包心不实。

（二）种子消毒

1.温汤浸种

将种子晒 1 ~ 2 天后，用 40 ~ 55℃温水浸种 10 ~ 15 分钟，预防苗期发病，用 10% 的盐水浸豆科种子 10 分钟，可将种子混入的菌核病菌、线虫卵漂除和杀灭，防止菌核病和线虫病发生。

2.干热消毒

将干燥的种子在 70℃条件下干燥处理 72 小时或在竹制器具上暴晒 3 ~ 4 天。

3.药剂浸种

防真菌病害用 50% 多菌灵 1000 倍液或瑞毒霉 800 ~ 1000 倍液浸种 4 小时；

72.2% 普力克 800 倍液浸种 30 分钟；0.1% 硫酸铜浸种 5 分钟。防细菌性病害用 0.1% 硫酸铜浸种 5 分钟；1000 万单位农用链霉素 500 倍液浸种 2 小时。防病毒病用 10% 磷硫三钠或抗病毒型 OS- 施特灵 300 倍液浸种 40 分钟。

4. 药剂拌种

用 50% 多菌灵或 40% 拌种双按种子重量的 0 ~ 3% 拌种防果菜苗期枯萎病、炭疽病等；50% 克菌丹（用量同上）可防治立枯病、猝倒病，此法适宜直播种子消毒。

（三）培育无病壮苗

育苗器具及育苗棚室消毒：用 40% 甲醛或高锰酸钾 1000 倍液喷淋或浸泡器具，每亩用硫黄粉 0.8 ~ 1 千克，敌敌畏 0.3 ~ 0.5 千克加锯末或适量干草混合点燃，密闭 24 小时后通风备用，翻耕土壤，喷施绿亨一号 3000 倍液，密闭棚室一周。

培育壮苗：育苗前彻底清除苗床枯枝残叶和杂草。可采用营养钵育苗，营养土要用无病土及经处理的种子。土壤棚室播种要依据不同蔬菜品种的育苗进行科学的肥、水、温、光和通风管理。严格实行分级管理，去歪留正，去杂留纯，去弱留强，适时炼苗，培育茎节粗短、根系发达、无病虫害的壮苗。

采用嫁接和脱毒种苗防病：用黑籽西瓜作砧木嫁接黄瓜，用毛粉 802 作砧木嫁接茄子。用野生番茄作砧木嫁接番茄主栽品种，可增强根系，有效防治枯萎病、黄萎病、青枯病等，脱毒种苗繁育技术是防治病毒病的最有效方法，采用马铃薯、大蒜、甘薯等脱毒种苗防治病毒病已大面积推广运用，并取得良好效果。

（四）轮作换茬和清洁田园

采用旱地蔬菜与水生蔬菜的轮作模式，通过水淹改变土壤氧化、还原条件，可以减轻土传病害，并可闷杀地下害虫，还可有效降低土壤中重金属、硝酸盐、亚硝酸盐等有害物质，改善土壤理化特性，抗病虫蔬菜与不抗病虫蔬菜轮作，非同科蔬菜采取 3 年以上轮作，同科蔬菜不宜轮作，对营养元素喜好不同的蔬菜不宜轮作，如喜硫类与忌硫类、喜氯类（如茄类）与忌氯类（如瓜类）不宜轮作。各种蔬菜实行 2 ~ 4 年以上的轮作换茬，在播种和定植前，结合整地收拾病株残体，铲除田间及四周杂草，拆除病虫中间的寄主，在蔬菜生长过程中及时摘除病虫为害的叶片、果实或全株拔除，带出田外深埋或烧毁。

（五）深耕晒垡

深耕可将地表的蔬菜病株残体、落叶埋至土壤深层腐烂，并将地下的害虫、病原菌翻到地表，受到天敌啄食或被严寒冻死，从而降低病虫基数，而且使土壤疏松，有利于蔬菜根系发育，提高植株抗逆性。

（六）科学施肥

要在增施有机肥的基础上，再按各种蔬菜对 N、P、K 元素养分需求的适宜比例施用化肥，防止超量偏施氮素化肥，严格氮肥施用安全间隔期，要施足底肥，勤施追肥，结合喷施叶面肥，杜绝使用未腐熟的有机肥。氮肥施用过多会加重病虫害的发生，如茄果类蔬菜绵疫病、烟青虫等危害加重，合理增施磷肥可减轻蔬菜立枯病的发生，施用未腐熟的有机肥，可招致蛴螬、种蝇等地下害虫危害加重，并引发根、茎基部病害。

二、开展物理防治

（一）设施防护

覆盖塑料薄膜、遮阳网、防虫网，进行避雨、遮阴、防虫隔离栽培，减轻病虫害的发生，在夏秋季节，利用大棚闲置期，采用覆盖塑料棚膜密闭大棚，先晴日高温闷棚 5～7 天，使棚内最高温达 60～70℃，可有效杀死土壤表层的病原菌和害虫。

（二）诱杀技术

灯光诱杀：利用害虫的趋光性，用高压汞灯、黑光灯、频振式杀虫灯等进行诱杀，尤其在夏秋季害虫发生高峰期对蔬菜主要害虫有良好效果。

性诱剂诱杀：在害虫多发季节，每亩菜田放排水盆 3～4 个，盆内放水和少量洗衣粉或杀虫剂，水面上方 1～2 厘米处悬挂昆虫性诱剂诱芯，可诱杀大量前来寻偶的昆虫。目前已商品化生产的有斜纹夜蛾、甜菜夜蛾、小菜蛾、小地老虎等性诱剂诱芯。

色板、色膜驱避或诱杀：利用害虫特殊的光谱反应原理和光色生态规律，用色板、色膜驱避或诱杀害虫，在田间铺设或悬挂银灰色膜可驱避蚜虫。用黄色捕虫板可诱杀蚜虫、白粉虱、斑潜蝇等，用蓝色捕虫板可诱杀蓟马。

食物趋性诱杀：利用成虫补充营养的习性和对食物的趋性，在田间安置人工食源进行诱杀，也可种植蜜源植物进行诱杀。

（三）防虫网隔离技术

蔬菜覆盖防虫网后，基本上能免除小菜蛾、菜青虫、甘蓝夜蛾、甜菜夜蛾、斜纹夜蛾、棉铃虫、黄曲条跳甲、蚜虫、美洲斑潜蝇等多种害虫的为害，控制由于昆虫传播而导致病毒病的发生，还可保护天敌。

三、推广生物防治

（一）保护利用天敌

保护利用瓢虫等捕食性天敌和赤眼蜂等寄生天敌以防治害虫，是一种经济有效的生物防治途径，多种捕食性天敌（包括瓢虫、草蛉、蜘蛛、捕食螨等）对蚜虫、飞虱、叶蝉等害虫起着重要的自然控制作用，寄生性天敌害虫应用于蔬菜害虫防治的有丽蚜小蜂（防治温室白粉虱）和赤眼蜂（防治菜青虫、棉铃虫）等。

（二）利用细菌、病毒、抗生素等生物制剂

利用苏云金杆菌（BT）制剂防治食心虫，用阿维菌素防治小菜蛾、菜青虫、斑潜蝇等，利用核型多角体病毒、颗粒体病毒防治菜青虫、斜纹夜蛾、棉铃虫等，农用链霉素、新植霉素防治多种蔬菜的软腐病、角斑病等细菌性病害。

（三）蔬菜制剂防治虫害

黄瓜蔓：将新鲜黄瓜蔓1千克加少许水捣烂，滤出汁液，加3～5倍水喷洒，防治菜青虫和菜螟的效果达90%以上。

苦瓜叶：摘取新鲜多汁的苦瓜叶片，加少量水捣烂，滤出汁液，加等量石灰水，调匀后，浇灌幼苗根部，防治地老虎有特效。

丝瓜：将新鲜丝瓜捣烂，加20倍水拌匀，取其滤液喷雾，用于防治菜青虫、

红蜘蛛、蚜虫及菜螟等害虫，效果均在 95% 以上。

南瓜叶：将南瓜叶加少许水捣烂，滤出汁液，加 2 倍水稀释，再加少量皂液，搅匀后喷雾，防治蚜虫效果达 90% 以上。

四、合理进行化学防治

化学防治只能作为上述三种防治技术的补充，而不是防治病虫害的首选，化学防治技术因其是一种有害防治，在对病原菌、害虫杀灭或抑制的同时，也使受体带毒，并且污染环境，杀灭天敌。因此，合理进行化学防治就显得尤为重要。

（一）优选农药

针对不同的蔬菜病虫害，合理选择高效、低毒、低残留农药，可选择一些特异性农药，如除虫脲、氯氟脲（抑太保）、特氟脲（农梦特）、氟虫脲（卡死克）、丁醚脲（保路）、米螨、虫螨腈（除尽）等，这一类农药并非直接"杀死"害虫，而是干扰昆虫的生长发育和新陈代谢作用，使害虫缓慢致死，并影响下一代繁殖，这类农药对人畜毒性很低，对天敌影响小，环境兼容性好。

（二）优选药械

选用合理的施药器械和方法，积极推广低容量或超低容量喷雾技术，针对不同蔬菜和不同病虫选用适当的施药方法和技术，提高施药质量，减轻病害。选用雾化高的药械，提高防治效果，减少用药量，选用高质量药械，杜绝滴、漏、跑、冒。

（三）严格安全间隔期

严格按照农药施用技术规程规定的用药量、用药次数、用药方法和安全间隔期施药，施药后，未达到安全间隔期的蔬菜严禁采收。

（四）合理施药

达标防治，减少普治，坚持按计量要求施药和多种药剂交替使用，科学合理复配混用，适时对症用药防治，克服长期使用单一药剂、盲目加大施用剂量和将同类药剂混合使用的习惯，将两种或两种以上不同作用机制的农药合理复配混用，可起到扩大防治范围、兼治不同病虫害、降低毒性、增加药效、延缓抗药性产生等效果。

第二节　蔬菜主要病害的防治

一、黄瓜霜霉病

（一）病害概述

黄瓜霜霉病病原属鞭毛菌亚门真菌。孢囊梗自气孔伸出，单生或 2～4 根束生，无色，主干 144.2～545.9 微米，基部稍膨大，上部呈 3～5 次锐角分枝，分枝末端着生一个孢子囊，孢子囊卵形或柠檬形，顶端具乳状突起，淡褐色，单胞，大小（18.1～41.6）微米 ×（14.5～27.2）微米。孢子囊可直接萌发，长出芽管，低温时，孢子囊释放出游动孢子 1～8 个，在水中游动片刻后形成休止孢子，再产生芽管，从寄主气孔或细胞间隙侵入，在细胞间蔓延，靠吸器伸入细胞内吸取营养。苗期、成株期均可发病，主要危害叶片。子叶被害初呈褪绿色黄斑，扩大后变黄褐色。真叶染病后，叶缘或叶背面出现水浸状病斑。早晨尤为明显，病斑逐渐扩大，受叶脉限制，呈多角形褐色或黄褐色斑块，湿度大时叶背面或叶面长出灰黑色霉层，即病菌孢囊梗及孢子囊，后期病斑破裂或连片，致叶缘卷缩干枯，严重的田块一片枯黄。该病症状的表现与品种抗病性有关，感病品种如密刺类呈典型症状，病斑大，易联结成大块黄斑后迅速干枯；抗病品种如津研、津杂类叶色深绿型系列，病斑小，褪绿斑持续时间长，在叶面形成圆形或多角形黄褐色斑，扩展速度慢，病斑背面霉稀疏或很少，一般较前者迟落架 7～12 天。

（二）综合防治方法

1. 栽培无病苗，改进栽培技术

育苗温室与生产温室分开，减少苗期染病。采用电热或加温温床育苗，温度较高，湿度低，无结露，发病少；定植要选择地势高、平坦、易排水地块，采用地膜覆盖，降低棚内湿度；生产前期，尤其是定植后结瓜前应控制浅水，并改在上午进行，以降低棚内湿度；适时中耕，提高地温。

2. 采用配方施肥技术

叶面喷施 1% 尿素或 0.3% 磷酸二氢钾，或叶面施用喷施宝，每毫升兑水 11 ~ 12 升，可提高植株抗病力。

3. 药剂防治

保护地棚室可选用烟雾法或粉尘法。

（1）烟雾法

在发病初期每亩用 45% 百菌清烟剂 200 克，分放在棚内 4 ~ 5 处，用香或卷烟等暗火点燃，发烟时闭棚，熏 1 夜，次晨通风，隔 7 天熏 1 次，可单独使用，也可与粉尘法、喷雾法交替轮换使用。粉尘法于发病初期傍晚用喷粉器喷洒 5% 百菌清粉尘剂，或 5% 加瑞农粉尘剂，每亩用量 1 千克，隔 9 ~ 11 天 1 次。

（2）喷雾法

发现中心病株后首选 70% 乙膦锰锌可湿性粉剂 500 倍液或 72.2% 普力克水剂 800 倍液、58% 雷多米尔锰锌可湿性粉剂、72% 邦克露或克霜氰或霜脲锰锌可湿性粉剂 600 ~ 700 倍液、72% 霜霸可湿性粉剂 700 倍液、72% 霜疫清或 56% 霜霉清可湿性粉剂 750 倍液、75% 百菌清可湿性粉剂 600 倍液、64% 杀毒矾可湿性粉剂 400 倍液，每亩喷药液 60 ~ 70 升，隔 7 ~ 10 天 1 次。后视病情发展，再确定是否用药。霜霉病、细菌性角斑病混发时，为兼防两病，可喷洒脂铜粉尘剂每亩次 1 千克，或 47% 加瑞农可湿性粉剂 600 倍液、60% 琥乙膦铝（DTM）可湿性粉剂 500 倍液或 50% 琥胶肥酸铜（DT）可湿性粉剂 500 倍液加 40% 三乙膦酸铝可湿性粉剂 250 倍液、50% 琥胶肥酸铜可湿性粉剂 500 倍液加 25% 甲霜灵可湿性粉剂 800 倍液、100 万单位硫酸链霉素加 40% 三乙膦酸铝可湿性粉剂 250 倍液等。霜霉病白粉病混发时，可选用 40% 三乙膦酸铝可湿性粉剂 200 倍液加 15% 三唑酮（粉锈宁）可湿性粉剂 2000 倍液。霜霉病与炭疽病

81

混发时，可选用 40% 三乙膦酸铝可湿性粉剂 200 倍液加 25% 多菌灵可湿性粉剂 400 倍液，或 25% 多菌灵可湿性粉剂 400 倍液加 75% 百菌清可湿性粉剂 600 倍液，兼防两病。对上述杀菌剂产生抗药性的地区可选用 69% 安克猛锌可湿性粉剂 1000 倍液。

二、大白菜软腐病

（一）病害概述

大白菜软腐病病原属胡萝卜欧文氏菌胡萝卜致病亚种，其生长适温为 27 ~ 30℃，不耐干燥和日光，病菌脱离组织在土壤中可存活 15 天，危害十字花科、茄科（番茄、辣椒）、豆科、瓜类等多种蔬菜，受害植物开始多呈浸润半透明状，后渐呈现明显的水渍状。颜色由浅黄、灰色至灰褐色，最后组织黏滑软腐，并有恶臭。比较坚实的组织受侵染，病斑多呈水渍状，先淡褐色，后变褐色，渐次腐烂，最后干缩。

（二）综合防治方法

栽种抗病品种：常用的抗病品种有大青口、绿宝等。

加强栽培管理：实行轮作和合理安排茬口；高畦栽培，田间排水；适当迟播；及时清除病残体；合理施肥。

防治害虫：及时防治各种蔬菜害虫以减少伤口。

药剂防治：用菜丰宁拌种；在莲座期至定心期用药剂防治，莲座期开始喷药，6 ~ 7 天 1 次，连续 3 ~ 4 次，可用农用链霉素、氯霉素 200 ~ 400ppm 进行叶面喷洒。

三、大白菜病毒病

（一）病害概述

大白菜病毒病病原属植物病毒，主要有芜菁花叶病毒（TuMV）、黄瓜花叶病毒（CMV）、烟草花叶病毒（TMV）。大白菜、普通白菜、紫菜薹及乌塌菜等白菜类蔬菜各生育期均可发病。大白菜病毒病又叫孤丁病、抽风病，苗期发病心叶呈明脉或叶脉失绿，后产生浓淡不均的绿色斑驳或花叶。成株期发病早的，叶片严重皱缩，质硬而脆，常生许多褐色小斑点，叶背主脉上生褐色稍凹陷坏死条状斑，植株明显矮化畸形，不结球或结球松散；感病晚的，只在植一侧或半边呈现皱缩畸形，或显轻微皱缩和花叶，仍能结球，内层叶上生灰褐色小点。种株染病或种植带病母株，抽薹缓慢，且薹短缩或花梗扭曲畸形，植株矮小，新生叶出现明脉或花叶，老叶生褐色坏死斑，花蕾发育不良或花瓣畸形，不结荚或果荚瘦小，籽粒不饱满，发芽率降低，病株根系不发达，严重影响生长发育。

（二）综合防治方法

1. 选种抗病品种。大白菜的抗病品种有：北京新 1 号、抱头青、冀 3 号、牡丹 12 号、山东 1 号、青杂 5 号、烟台 1 号、天津绿、城阳青、小杂 56、北京大青口、包头青、塘沽青麻叶、晋菜 1 号、晋菜 3 号等抗病品种。普通白菜可选用叶色深绿、花青素含量多、叶片肥厚、叶肉组织细密，生长势强的小白菜、油菜、青菜等普通白菜品种，如：抗青，绿秆青菜，矮杂 2 号小白菜，矮抗 1 号、2 号、3 号，豫油 2 号，山东 91-31、34、37，山东 14 号、18 号、22 号、30 号、青帮油菜等。

2. 调整蔬菜布局，合理间、套、轮作，发现病株及时拔除：适期早播，躲过高温及蚜虫猖獗季节，适时蹲苗应据天气、土壤和苗情掌握，一般深锄后，轻蹲十几天即可。蹲苗时间过长，妨碍白菜根系生长发育，容易染病。

3. 水分管理。为了防止地温升高，播后即浇第一水；次日或隔日幼苗出土时浇第二水；第三、四天幼苗出齐后可因地制宜浇第三水；4 ～ 5 片真叶时浇第四水；7 ～ 8 片真叶后浇第五水。每次浇水均有利于降低地温，连续浇水，地温稳定，可防止病毒病的发生。

4. 苗期防治传毒媒介——树虫至关重要。要尽一切可能把传毒蚜虫消灭在毒源植物上，尤其春季气温升高后对采种株及春播十字花科蔬菜的蚜虫更要早防。

5. 化学防治。发病初期开始喷洒新型生物农药——抗毒丰（0.5% 菇类蛋白多糖水剂，原名抗毒剂 1 号）300 倍液或病毒 1 号油乳剂 500 倍液，或 1.5% 植病灵 Ⅱ 号乳剂 1000 倍液，83 增抗剂 100 倍液，隔 10 天 1 次，连续防治2 ～ 3 次。

四、甘蓝菌核病

（一）病害概述

甘蓝菌核病病原属子囊菌亚门的核盘菌。菌丝生长发育和菌核形成适温为0～30℃，最适温度20℃，最适相对湿度85%以上，菌核可不休眠，5～20℃及较高的土壤湿度即可萌发，其中以15℃为最适。在潮湿土壤中菌核能存活1年，干燥土中可存活3年。子囊孢子0～35℃均可萌发，但以5～10℃为适，萌发经48小时完成。病菌主要以菌核混在土壤中或附着在采种株上、混杂在种子间越冬或越夏，春、秋两季多雨潮湿时，菌核萌发，产生子囊盘放射出子囊孢子，借气流传播，子囊孢子在衰老的叶片上，进行初侵染引起发病，后病部长出菌丝和菌核，在田间主要以菌丝通过病健株或病健组织的接触进行再侵染，到生长后期又形成菌核越冬。白菜菌核病属子囊孢子气传病害类型，其特点是气传的子囊孢子致病力强，从寄主的花、衰老的叶或伤口侵入，以病健组织接触进行再侵染。

（二）综合防治方法

1.选用无病种子：选用无病种子并对种子进行处理。

2.轮作、深翻及加强田间管理：最好能与稻麦等禾本科作物进行隔年轮作；收获后及时翻耕土地，把病菌子囊盘埋入土中12厘米以下，使其不能出土；合理密植；施足腐熟基肥，合理施用氮肥，增施磷、钾肥均有良好的防治效果。

3.药剂防治：发病初期喷洒50%速克灵可湿性粉剂2000倍液，或50%扑海因可湿性粉剂1500倍液，或50%农利灵可湿性粉剂1000倍液，或40%多硫悬浮剂500～600倍液、50%甲基硫菌灵500倍液或20%甲基立枯磷乳油1000倍液。此外，可用菜丰宁100克兑水15～20升，把油菜等白菜类蔬菜的根在药水中浸蘸一下后定植，防效好。

五、辣椒炭疽病

（一）病害概述

辣椒炭疽病病原属半知菌亚门真菌。病菌分生孢子盘周生暗褐色刚毛，有

2～4个隔膜，大小（74～128）微米×（3～5）微米，分生孢子梗圆柱形，无色，单胞，大小（11～16）微米×（3～4）微米。分生孢子长椭圆形，无色，单胞，（14～21）微米×（3～5）微米。主要以拟菌核随病残体在地上越冬，也可以菌丝潜伏在种子里，或以分生孢子附着在种皮表面越冬，成为翌年初侵染源。越冬后的病菌，在适宜条件下产出分生孢子，借雨水或风传播蔓延，病菌多从伤口侵入，发病后产生新的分生孢子进行重复侵染。适宜发病温度为12～33℃，其中27℃为最适；孢子萌发要求相对湿度在95%以上；温度适宜，相对湿度87%～95%时，该病潜育期为3天；湿度低，潜育期长，相对湿度低于54%则不发病。高温多雨则发病重。排水不良、种植密度过大、施肥不当或氮肥过多、通风不好，都会加重此病的发生和流行。

甜椒、辣椒炭疽病主要危害果实、叶片和果梗。果实染病，出现水浸状黄褐色圆斑，边缘褐色，中央呈灰褐色，斑面有隆起的同心轮纹，往往由许多小点集成，小点有时为黑色，有时呈橙红色。潮湿时，病斑表面溢出红色黏稠物，被害果内部组织半软腐，易干缩，致病部呈膜状，有的破裂。叶片染病，初为褪绿色水浸状斑点，后渐变为褐色，中间淡灰色，近圆形，其上轮生小点。果梗被害，生褐色凹陷斑，病斑不规则，干燥时往往开裂。

（二）综合防治方法

1. 选用无病种子。在无病株留种或种子用55度温水浸30分钟后移入冷水中冷却，晾干后播种。也可先将种子在冷水中预浸10～12小时，再用1%硫酸铜浸种5分钟，或50%多菌灵可湿性粉剂500倍液浸1小时；也可用次氯酸钠溶液浸种，在浸种前先用0.2%～0.5%的碱液清洗种子，再用清水浸种8～12小时，捞出后置入配好的1%次氯酸钠溶液中浸5～10分钟，冲洗干净后催芽播种。

2. 轮作。发病严重的地块实行辣椒与瓜、豆类蔬菜轮作2～3年。

3. 培育壮苗。采用营养钵育苗，培育适龄壮苗。

4. 加强田间管理，避免栽植过密。注意合理密植，采用配方施肥技术，避免在湿地定植；雨季注意开沟排水，并预防果实日灼。

5. 药剂防治。发病初期开始喷洒50%混杀硫悬浮剂500倍液、70%甲基硫菌灵可湿性粉剂600～800倍液、50%苯菌灵可湿性粉剂1400～1500倍液、

80% 新万生可湿性粉剂 800 倍液、80% 炭疽福美可湿性粉剂 800 倍液、25% 炭特灵可湿性粉剂 500 倍液，或 75% 百菌清可湿性粉剂 800 倍液加 70% 甲基硫菌灵可湿性粉剂 800 倍液混合喷洒，隔 7 ~ 10 天 1 次，连续防治 2 ~ 3 次。

六、瓜类炭疽病

（一）病害概述

瓜类炭疽病病原属半知菌亚门真菌。此病在瓜类各生长期都可发生，而以生长中后期发病较严重。在不同寄主上，症状的表现有所差异，如黄瓜和甜瓜叶部受害后，在叶片上初出现水渍状小斑点，逐渐扩大成为近圆形病斑，红褐色，外围有一圈黄纹。病斑多时互相愈合成不规则的大斑块，并长出许多小黑点，即分生孢子盘，潮湿时溢出粉红色的黏质物，即分生孢子。天气干燥时病斑中部开裂或脱落，穿孔，以至于叶片干枯死亡。在茎或叶柄上，病斑长圆形，稍凹陷，初呈水渍状，淡黄色，后变为深褐色或灰色。病部如环绕蔓或叶柄一周，则蔓、叶枯死。黄瓜未成熟的果实不易感病，如感病则瓜果多变弯曲。接近成熟的果实被害时，初出现淡绿色水渍状的斑点，很快变为黑褐色，并逐渐扩大，凹陷，中部颜色较深，上长有许多小黑点。发病果实常弯曲、变形。甜瓜成熟果上的病斑较大，显著凹陷和开裂。

西瓜叶片上病斑圆形，黑色，外围晕圈为紫黑色。蔓和叶柄受害，初为近圆形、水渍状的黄褐色病斑，很快成为长圆形，稍凹陷，以后病斑颜色也变为黑色。未成熟的西瓜果实被害，病斑初呈水渍状，淡绿色，近圆形。感病幼果畸形，往往早期脱落。在成熟的西瓜果实上，病斑初亦呈水渍状，淡绿色，近圆形，稍突起。扩大后变褐色、深褐色至紫色，显著凹陷，上生许多小黑点，呈环状排列；潮湿时其上溢出粉红色黏质物。有时许多病斑常互相愈合形成不规则的大病斑。老病斑常龟裂，并露出果肉。西瓜果柄受害时，幼果可能变黑皱缩而枯死。西瓜和甜瓜的幼苗也会感病，在近地面的茎基部受害后，呈黑褐色而缢缩，造成瓜苗猝倒。葫芦上的症状和西瓜相似，叶片上病斑黄褐色或黑褐色，形状多数呈不规则形。

（二）综合防治方法

1. 选用无病种子及种子处理，从无病植株、健全果实内采收种子。如种子有带菌嫌疑，可用福尔马林 100 倍液浸种 30 分钟，洗净后催芽或直接播种。

2. 加强管理，搞好田间卫生工作，随时清除病蔓、病叶，加以烧毁或深埋。不用带菌肥料，重病地应与非瓜类作物进行三年轮栽。选排水良好的砂质土壤种瓜，避免在低洼地种瓜。贮运的瓜果必须严格选择，剔除病果和伤果。贮运的场所要适当通风减湿，有条件时可低温贮运。

3. 摘除病叶。及时摘除初期病叶并进行销毁，可控制病害的蔓延。

4. 喷药保护。发病初期摘除病叶后，喷洒 50% 多菌灵 1000 倍液或 50% 托布津 500 倍液，以后每隔 7 天左右喷 1 次，连续喷 3 ~ 4 次。

第三节　蔬菜主要虫害的防治

一、菜蚜

（一）害虫概述

菜蚜有 3 种，即萝卜蚜、桃蚜和甘蓝蚜，是为害蔬菜和油菜最严重的害虫。萝卜蚜和桃蚜在全国都有发生，其中又以萝卜蚜数量最多；甘蓝蚜主要发生在北纬 40° 以北，或海拔 1000 米以上的高原、高山地区。蚜虫以刺吸式口器吸取油菜体内汁液，为害叶、茎、花、果，造成卷叶、死苗，植株的花序、角果萎缩，甚至全株枯死。蚜虫是十字花科蔬菜和油菜病毒病的主要传毒媒介，病毒病的发生与蚜虫密切相关。

菜蚜一年发生 10 ~ 40 代，世代重叠严重，不易区分。蔬菜出苗后，有翅成蚜迁飞进入菜田，胎生无翅蚜建立蚜群为害，当营养或环境不适时，又胎生有翅蚜迁出菜田。菜蚜的发生和为害主要决定于气温和降雨，适温 14 ~ 26℃，在温度适宜的条件下，无雨或少雨，天气干燥，极适于蚜虫繁殖、为害。

（二）综合防治方法

1. 农业防治

（1）培育无虫苗。

（2）合理安排蔬菜布局。

（3）清洁田园，将残株收集起来彻底烧毁，并熏烟杀虫。

2. 物理防治

用银灰色、乳白色、黑色地膜覆盖50%左右地面，有驱蚜和防病毒病的作用。

3. 生物防治

饲养、释放蚜茧蜂、草蛉、瓢虫、食蚜蝇以及蚜霉菌等可减少蚜害。

4. 化学防治

苗期有蚜株率达10%，每株有蚜1～2头，抽薹开花期10%的茎枝或花序有蚜虫，每枝有蚜3～5头时，用下述药剂防治：40%乐果乳油或40%氧化乐果1000～2000倍液，50%敌敌畏乳油1000倍液，20%灭蚜松1000～1400倍液，50%马拉硫磷1000～2000倍液，25%蚜螨清乳油2000倍液，10%二嗪农乳油1000倍液，50%辟蚜雾可湿性粉剂3000倍液，50%久效磷乳剂2000～3000倍液，40%水胺硫诱乳剂1500倍液，或2.5%敌杀死乳剂3000倍液。此外，用20%灭蚜松可湿性粉剂1千克拌种100千克，或用甲基硫环磷、杀虫磷、呋喃丹拌种，可防苗期蚜虫。

二、小菜蛾

（一）害虫概述

小菜蛾属鳞翅目、菜蛾科害虫，全国各菜区均有发生，为害油菜和十字花科蔬菜，幼虫啃食叶片以及茎枝、花器、角果的表层。该虫一年发生3～8代。以蛹或成虫在植株上越冬。成虫夜间活动。幼虫活泼，受惊吐丝下坠。冬季干燥、春季高温多雨发生重。卵产于叶脉旁或角果上。

（二）综合防治方法

1. 农业防治

合理安排蔬菜布局，清除油菜田及蔬菜地的残株、残叶、杂草，有良好的辅助功效。

2. 物理防治

用黑光灯或频振式杀虫灯诱杀小菜蛾成虫。

3. 生物防治

小菜蛾天敌种类很多，主要有小黑蚁、草间小黑蛛、丁纹豹蛛、异色瓢虫、龟纹瓢虫、黑带食蚜蝇、菜蛾啮小蜂、菜蛾绒茧蜂，还有蛙、蟾蜍等。其中菜蛾啮小蜂、菜蛾绒茧蜂自然寄生率可达 10%～30%，最高达 50% 以上，捕食性天敌丁纹豹蛛平均每头每天捕食 17.6 头，小黑蚁平均每头每天捕食 318 头。因此，保护菜田中的天敌种群，发挥自然天敌控制作用至关重要；还可喷洒苏云金杆菌（BT）悬浮剂 500～800 倍液，也可选用 1.8% 阿维菌素（齐螨素、害极灭、爱福丁）2000 倍液喷雾。

4. 化学防治

小菜蛾老龄幼虫抗药性很强。因此，应用药剂防治应掌握在卵孵化盛期至幼虫 2 龄期，选用 40% 灭多威乳油 3000 倍液，5% 氟虫脲（卡死克）乳油，或 5% 定虫隆（抑太保）乳油，或 5% 伏虫隆（农梦特）乳油，均用 1000～2000 倍液；在幼虫 2～3 龄期可用 5% 氟虫腈（锐劲特）悬浮剂、10% 虫螨腈（除尽）悬浮剂 1500～3000 倍液，或用 50% 杀螨隆（宝路）可湿性粉剂 1000 倍液，或用 20% 丙溴磷乳油 500 倍液；也可选用 2.5% 溴氰菊酯（敌杀死）乳油 2000～3000 倍液，或 2.5% 三氟氯氰菊酯（功夫）乳油 3000 倍液，或 10% 氯氰菊酯乳油 3000～4000 倍液。

小菜蛾是我国目前抗药性特别严重的一种害虫，它对菊酯类、有机磷类及氨基甲酸酯类农药等均已产生不同程度的抗药性。在广东、福建等少数地区小菜蛾对苏云金杆菌（BT）也产生了抗药性，但各地抗药性发展并不平衡，这与各地用药历史、种类、频率、强度等密切相关。因此，对某种（类）药剂抗药性严重的地区，应暂时停止使用该种（类）药剂，改用其他作用机制不同的药剂，或将苏云金杆菌与其他化学农药混用或轮用。由于小菜蛾易产生抗药性，因此应注意轮换交替用药，或用复配农药。

三、菜粉蝶

（一）害虫概述

菜粉蝶属鳞翅目粉蝶科害虫，幼虫称菜青虫，是十字花科蔬菜的重要害虫。它尤喜甘蓝、花椰菜、球茎甘蓝，还可为害芜菁、白菜、青菜、萝卜、油菜和芥菜等，有些地区的板蓝根受它的危害也比较重。该虫一年发生 3 ~ 9 代，以蛹（南方亦有幼虫）在老叶、枯枝、墙壁等处越冬。春季羽化，产卵于叶上，散产。幼虫咬食叶片成空洞、缺刻，以春、秋两季为害最重，温度 16 ~ 30℃，天气干燥，湿度 76% 左右为害重。

（二）综合防治方法

1. 农业防治

清除蔬菜残体，尤其是摘除叶球后的残体是菜青虫十分喜爱的去处，在上一茬十字花科蔬菜收获后彻底清园。

2. 生物防治

保护天敌，并可在卵盛期用 BT 及其单剂 1000 倍液，绿净 700 ~ 1000 倍液，均匀喷雾 2 次，间隔 3 天用药一次，或阿维菌素 2000 ~ 3000 倍液喷雾。

3. 喷药防治

由于菜粉蝶发生到第二代后，世代重叠现象严重，给防治带来了一定的困难。田间喷药防治一般以卵高峰后一周左右，对甘蓝和白菜应以包心以前，田中多数幼虫处在 3 龄以前时用药，可以使用：BT 制剂 70 ~ 100 倍液、0.9% 阿维菌素乳油 2000 倍液、10% 氯氰菊酯或 5% 高效氯氰菊酯乳油 1200 倍液 × 5% 功夫菊酯乳油 2000 倍液、50% 辛硫磷乳油 1000 倍液、1.5% 菜喜乳油 1500 倍液、24% 美满乳油 2000 倍液等。

由于甘蓝、花椰菜叶面上蜡质较厚，不易着药，故在喷药时，应在药液中加入洗衣粉 300 倍液或黏着剂。

四、白粉虱

（一）害虫概述

白粉虱俗称小白蛾子，是同翅目粉虱科的害虫。该虫食性杂，寄主极多，包括瓜类、茄果类、豆类等蔬菜以及花卉、林果等作物，60 余科 260 余种。以成虫和若虫吸汁危害，致叶片褪绿、变黄、皱缩、萎垂乃至全株枯死。其分泌的蜜露，可诱发煤烟病，加重危害。

此外，白粉虱还可传播多种蔬菜病毒病，温室大棚蔬菜受害尤为严重。成虫有趋嫩绿群居和产卵习性，对黄色有强烈趋性，偏食瓜、茄、豆等蔬菜，在嗜食寄主上成虫寿命、产卵量、发育速度明显偏高。白粉虱主要行两性生殖，也可营孤雌生殖。天敌有寄生蜂（蚜小蜂）、寄生菌、捕食性昆虫和蜘蛛等 30 余种。

（二）综合防治方法

白粉虱的防治，应采取以农业防治为基础，以药剂防治为保证，积极开展物理防治和生物防治的综合防治措施。具体应抓好下述环节。

1. 农业防治

（1）合理安排棚室茬作，提倡棚室前后茬为白粉虱不喜食与偏食作物交替；

（2）棚室育苗地与生产地分开；

（3）培育无虫苗；

（4）避免在棚室混栽瓜、茄、豆等偏食作物；

（5）清洁田园，收集残株，彻底烧毁并熏烟杀虫；

（6）棚室周围种植白粉虱不喜食的十字花科蔬菜。

2. 物理防治

设置黄板，涂机油等黏剂诱杀成虫（450 块 / 公顷，7 ~ 10 天涂 1 次）。

3. 生物防治

人工释放草蛉或丽蚜小蜂，放蜂前如白粉虱虫口密度高，可先喷药压低虫口密度后再放。

4. 药剂防治

（1）喷雾法

可用 10% 扑乱灵乳油（灭幼酮、优乐得）1000 倍液，或 21% 灭杀毙乳油

4000 倍液，或 25% 灭螨锰（甲基克杀螨）1000 倍液，或 2.5% 功夫乳油或 2.5% 天王星乳油 3000 ～ 4000 倍液，或 20% 灭扫利（甲氰菊酯）2000 倍液。

（2）烟雾法

可用 22% 敌敌畏烟剂（7.5 千克／公顷）傍晚密闭熏烟，注意在同一地区要实行联防联治，统一行动，连续施用 2 ～ 3 次，交替施用，效果才好。

五、小地老虎

（一）害虫概述

小地老虎俗称土蚕、切根虫等，主要危害旱地作物玉米、花生、棉花、豆、瓜类、蔬菜等。该虫以蛹或老熟幼虫在土中越冬，1 年发生 4 ～ 5 代，每代共有 6 龄，1 ～ 2 龄幼虫常群集在幼苗心叶或叶背上取食叶肉，留下一层表皮，也咬食成小孔洞或缺刻，3 龄后幼虫白天潜伏于表土下或阴暗处，夜出咬嫩茎，将嫩头拖入土穴内取食。第 1 代幼虫在 3 月下旬至 4 月下旬集中危害幼苗，以后各代在田间很少发现。因此，防治小地老虎应以第 1 代为重点，采取综合防治措施。

（二）综合防治方法

1. 农业防治

（1）翻耕土地

冬闲地块，作物收获后及时翻耕，使土壤疏松，不利于幼虫在土壤中越冬。

（2）清洁田园

杂草是小地老虎产卵的场所，也是幼虫向作物转移的桥梁。因此，在春播前结合耕地整地，铲除田间、地边杂草，同时，在作物苗期结合中耕锄草，消灭卵和幼虫。

（3）诱杀幼虫

作物出苗前，在田间每隔 3 ～ 4 米堆放一些新鲜菜叶，诱集幼虫，每日清晨翻菜叶捕杀幼虫。对高龄幼虫可在清晨拨开被咬断幼苗附近的表土，进行捕捉。

（4）诱杀成虫

在成虫盛发期用糖醋液（3 份红糖、4 份醋、1 份酒、10 份水，混合后加入 0.1% 的敌敌畏乳剂）诱杀，将糖醋液倒入事先备好的诱捕器内，并用三脚架支撑在离地面 1 米高处，一般每公顷放 1 个诱捕器。

（5）诱杀卵

用竹竿、稻草或麦秆扎成草把，插于田间引诱成虫产卵，每隔 5 天换 1 次，将草把集中烧毁，消灭虫卵。

2. 化学防治

（1）毒土

在播种前每亩用呋喃丹 3 ~ 4 千克拌细土 30 千克，制成毒土撒施，或每亩用 50%。

（2）毒饵

用 90% 敌百虫晶体 100 ~ 150 克，加适量水配成药液，再拌入炒香的米糠或麦麸 6 千克制成毒饵，每亩用 3 千克，傍晚撒施于作物畦面上进行诱杀。

（3）喷雾

1 ~ 2 龄幼虫用 90% 敌百虫晶体 1000 倍液，或 50% 甲胺磷乳油 1000 ~ 1500 倍液喷药防治。

（4）灌根

3 龄后幼虫用 90% 敌百虫晶体 1000 倍液或 50% 辛硫磷 1500 倍液，每株（穴）用 250 毫升进行灌根防治。

参考文献

[1] 王登亮. 农业技术推广及水稻栽培技术要点 [J]. 农家参谋，2021（20）：36-37.

[2] 李学玲. 探究现代农业蔬菜栽培技术 [J]. 农业开发与装备，2021（09）：164-165.

[3] 王春明. 农业栽培技术对小麦品质影响的相关分析 [J]. 农业开发与装备，2021（09）：172-173.

[4] 王孝同. 无公害蔬菜栽培的农业技术措施 [J]. 农业开发与装备，2021（09）：200-201.

[5] 鲍宗平. 现代农业蔬菜栽培技术要点分析 [J]. 农业开发与装备，2021（09）：212-213.

[6] 何春芳. 无公害蔬菜栽培的农业技术分析 [J]. 农业开发与装备，2021（09）：214-215.

[7] 陈永孝. 农作物高产栽培技术及农业技术推广应用研究 [J]. 种子科技，2021，39（17）：59-60.

[8] 蔬菜栽培与智慧农业团队 [J]. 广东农业科学，2021，48（09）：12.

[9] 管其锋. 农业栽培技术对小麦品质的影响 [J]. 中国农业文摘 - 农业工程，2021，33（05）：88-91.

[10] 宋娜. 大豆高产栽培技术分析及其农业技术推广建议 [J]. 种子科技, 2021, 39 (16): 44-45.

[11] 徐传续. 农业信息化背景下玉米高产栽培技术要点 [J]. 农业工程技术, 2021, 41 (24): 40-42.

[12] 王雪玲, 高豹华. 浅析农业育种与栽培技术的创新 [J]. 种子科技, 2021, 39 (15): 54-55.

[13] 周奇能. 设施农业蔬菜栽培技术探讨 [J]. 种子科技, 2021, 39 (15): 66-67.

[14] 潘艳敏. 农作物栽培技术优化管理的措施浅析 [J]. 南方农业, 2021, 15 (23): 44-45.

[15] 苏文娟. 现代农业蔬菜栽培探讨 [J]. 农家参谋, 2021 (15): 45-46.

[16] 张东华. 玉米栽培新技术及病虫害防治措施研究 [J]. 山西农经, 2020 (21): 90-91.

[17] 李伟. 玉米栽培新技术以及病虫害防治 [J]. 农业技术与装备, 2020 (10): 142-143.

[18] 潘文波. 优质玉米高产栽培及病虫害防治技术 [J]. 农业开发与装备, 2020 (05): 163-164.

[19] 于玉莲, 张淑芳. 现代林业病虫害防治新技术与方法推广 [J]. 农业与技术, 2020, 40 (05): 70-71.

[20] 刘波, 胡春梅. 新时期玉米栽培新技术及病虫害防治措施研究 [J]. 种子科技, 2020, 38 (03): 87+89.

[21] 王楠, 张相锋, 焦子伟. 国内外有机农业病虫害防治技术研究进展 [J]. 江苏农业科学, 2019, 47 (22): 37-42.

[22] 贾海丽, 李亚莉. 玉米种植新技术及病虫害防治策略研究 [J]. 南方农机, 2019, 50 (18): 82.

[23] 董旭霞. 植物病虫害防治中生物防治存在的问题及对策 [J]. 农业与技术, 2019, 39 (07): 31-32.

[24] 张志文. 关于玉米种植新技术及病虫害防治策略的分析与技术推广探究 [J]. 农业与技术, 2019, 39 (02): 91-92.

[25] 张慧春，朱正阳，郑加强，周宏平，唐进根. 面向林业病虫害防治的生物农药喷施系统 [J]. 林业科学，2018，54（10）：116–124.

[26] 程玲，薛光山，刘永杰，张安盛. 蔬菜病虫害防治中农药减量增效的影响因素及改进措施 [J]. 农学学报，2018，8（02）：11–14.

[27] 马兴栋，霍学喜. 生计资本异质对农户采纳环境友好型技术的影响——以病虫害防治技术为例 [J]. 农业经济与管理，2017（05）：54–62.

[28] 应瑞瑶，徐斌. 农作物病虫害专业化防治服务对农药施用强度的影响 [J]. 中国人口·资源与环境，2017，27（08）：90–97.

[29] 周欣. 玉米栽培新技术及病虫害防治策略分析 [J]. 种子科技，2017，35（01）：67.

[30] 任彬元，杨普云，赵中华. 我国马铃薯病虫害防治现状与前景展望 [J]. 中国植保导刊，2015，35（10）：27–31.

[31] 胡豹，楼洪兴. 我国农作物病虫害防治技术的专利战略与管理 [J]. 浙江农业学报，2014，26（02）：495–502.